草地贪夜蛾为害状（玉米植株）

玉米叶片被害状

玉米苗被害状

草地贪夜蛾高龄幼虫为害玉米叶片

草地贪夜蛾高龄幼虫为害玉米雌穗

草地贪夜蛾不同虫态

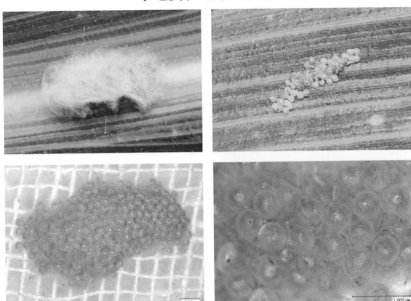

草地贪夜蛾卵块

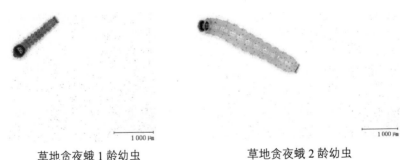

草地贪夜蛾 1 龄幼虫　　　　　　草地贪夜蛾 2 龄幼虫

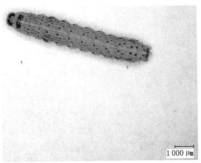

草地贪夜蛾 3 龄幼虫　　　　　　草地贪夜蛾蛹

草地贪夜蛾雄成虫（背面）

草地贪夜蛾雄成虫（腹面）

草地贪夜蛾雄成虫（侧面）

草地贪夜蛾雌成虫（背面）

草地贪夜蛾天敌

东亚小花蝽若虫捕食草地贪夜蛾幼虫

东亚小花蝽成虫捕食草地贪夜蛾幼虫

蠋蝽若虫捕食草地贪夜蛾幼虫

大红犀猎蝽若虫捕食草地贪夜蛾幼虫

真菌寄生草地贪夜蛾幼虫

草地贪夜蛾监测防控工作督导调研

2020 年 6 月，密云区性诱监测督导调研

2020 年 6 月，密云区杀虫灯运行情况督导调研

2020 年 6 月，密云区高空灯诱测情况督导调研

2020 年 7 月，大兴区性诱监测
督导调研

2020 年 7 月，平谷区配发性
诱捕器

2020 年 8 月，昌平区性诱监测
督导调研

2020 年 8 月，房山区性诱监测督导调研

2020 年 8 月，平谷区性诱监测督导调研

2020 年 8 月，大兴区自动虫情测报灯诱测
情况督导调研

2020 年 9 月，延庆区性诱监测督导调研

2020 年 9 月，丰台区性诱监测督导调研

2020 年 9 月，平谷区性诱监测督导调研

2020 年 9 月，顺义区性诱监测督导调研

2021 年 5 月，顺义区自动虫情测报灯诱测
情况督导调研

2021 年 6 月，密云区性诱监测督导调研

2021 年 7 月，延庆区性诱监测督导调研

2021 年 8 月，海淀区性诱监测督导调研

2021 年 9 月，怀柔区高空灯诱测情况督导调研

草地贪夜蛾监测防控技术培训

2020 年 5 月，顺义区草地贪夜蛾监测部署
技术培训会

2020 年 8 月，海淀区草地贪夜蛾监测防控
技术现场培训

2020 年 9 月，朝阳区草地贪夜蛾监测防控
技术培训会

2020 年 9 月，海淀区草地贪夜蛾防控
技术研讨会

2020 年 10 月，延庆区草地贪夜蛾监测防控
技术培训会

2021 年 4 月，昌平区草地贪夜蛾监测防控
技术培训会

2021 年 5 月，北京市草地贪夜蛾监测防控技术培训会

2021 年 6 月，平谷区草地贪夜蛾监测防控技术培训会

2021 年 6 月，平谷区草地贪夜蛾监测防控技术现场培训

2021 年 7 月，海淀区草地贪夜蛾
监测防控技术培训会

2021 年 7 月，顺义区草地贪夜蛾
识别及防控现场技术指导

2021 年 10 月，北京市草地贪夜
蛾防控工作总结暨技术培训会

草地贪夜蛾识别与防控

草地贪夜蛾，也称秋黏虫，隶属于鳞翅目夜蛾科，灰翅夜蛾属。原产于美洲热带和亚热带地区，是联合国粮农组织全球预警的重大迁飞性害虫。2019年1月，草地贪夜蛾首次侵入我国云南省，之后快速扩散蔓延，截至2020年12月底，草地贪夜蛾已在我国27个省（区、市）发生。

 ## 草地贪夜蛾识别防治歌

- 草贪本在国外狂， 二〇一九来南方。
- 能吃能飞产卵多， 人民群众慌了张。
- 幺蛾来了不要慌， 科学防控帮您忙。
- 雄蛾翅中斜道黄， 莫与斜纹混模样。
- 头后黑色反括号， 三角白斑顶角镶。
- 雌蛾长相一般样， 不易识别很迷茫。
- 一生产卵上千粒， 夜空飞行迁移广。
- 各龄幼虫绿褐黄， 背有单线瘤点样。
- 头顶倒"Y"装大王， 尾部四点成四方。
- 为害玉米各部位， 低龄啃叶开天窗。
- 大龄钻洞宽又长， 到处拉粪不嫌脏。
- 高龄幼虫性情狂， 自相残杀胜者强。
- 玉米小麦寄主广， 贪食爱吃大胃王。
- 要想减灾保丰收， 综合防控齐上岗。
- 性诱灯诱知虫情， 监测预警来帮忙。
- 甲维氯虫氯氟氰， 低龄防控效果强。
- 大龄复配效果好， 生防不够再化防。
- 人定胜天不要慌， 小小妖虫全杀光。

（参考河南农业大学植物保护学院赵特博士草地贪夜蛾防治歌进行改编）

 ## 为害特点

草地贪夜蛾为杂食性害虫，幼虫可取食76科350多种植物。

在玉米苗期，1-3龄幼虫通常藏匿于心叶中或在叶片背面取食，取食后形成半透明薄膜"窗孔"；4-6龄幼虫可啃食叶片产生点片破损，钻蛀生长点叶片上形成成排孔洞；5-6龄幼虫可钻蛀苗期玉米根茎，造成"枯心苗"。在抽雄吐丝期，1-3龄幼虫主要取食花丝，影响授粉造成果穗缺粒；4-6龄幼虫可钻蛀雄穗影响花粉成熟，钻蛀果穗啃食籽粒直接造成减产。

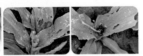

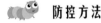 ## 防控方法

重点抓好玉米苗期至抽雄期防治，应在低龄（1-3龄）幼虫期用药。采用常量喷雾为主的，施药液量为30-45kg/亩；以自走式喷杆喷雾机为主的，采取细雾滴均匀喷雾方式，玉米苗期施药液量为10-15L/亩，玉米中后期施药液量大于25L/亩；以植保无人机低容量喷雾的，需添加植物油助剂，施药液量控制在3L/亩。

药剂防治采取区域性轮换用药策略，微生物农药（苏云金杆菌、甘蓝夜蛾核型多角体病毒）、乙基多杀菌素等其他化学药剂及其混剂、双酰胺类（包括氯虫苯甲酰胺、四氯虫酰胺、氟苯虫酰胺）及其混剂、甲氨基阿维菌素及其混剂轮换使用，除微生物类农药外，其他药剂在一季作物上使用次数一般不超过2次。

 ## 形态特征

草地贪夜蛾属于全变态昆虫，分为成虫、卵、幼虫和蛹4个发育阶段，其形态特征如下：

雌成虫　雄成虫　　　　雌成虫　　雄成虫

成虫： 前翅狭长，灰褐色，环形纹、肾形纹明显，后翅灰白色，边缘有窄褐色带。腹部有两排黑点，头胸连接处两侧各有一撮灰褐色鳞毛，前足胫节从基部到端部密被长毛。

雄成虫： 前翅基部有月牙形黑色斑纹，翅顶角向内各有一个三角形白斑，环形纹黄褐色，边缘内侧较浅，环形纹后侧各一浅色带，自翅外缘至中室，肾形纹灰褐色，内侧各一白色楔形纹；

雌成虫： 前翅除环形纹、肾形条纹外无明显斑纹。

卵块和初孵幼虫

卵： 块产，常数十至数百粒卵堆积成块，多由白色或棕黄色鳞毛覆盖。

1-6龄幼虫　　　　　　　　　高龄幼虫

幼虫： 一般有6个龄期，初孵幼虫体呈灰黑色，密布黑色刚毛和毛瘤，随着幼虫龄期增加，体表条纹、头部倒"Y"形纹和网状纹趋于明显。幼虫典型识别特征为：2-6龄幼虫腹部第8腹节背面有排列成正方形的4个黑斑；4-6龄幼虫头部有白色倒"Y"形纹；幼虫的体背线为单线。

蛹、蛹室和茧

蛹： 椭圆形，红棕色，第2-7节两侧气门黑褐色，椭圆形并显著外凸。腹部末端有一对短而粗壮的臀棘，末端无弯曲或倒钩。

🏥 北京市植物保护站编　　编者：谢爱婷、张智、李恒羽

地址：北京市西城区北三环中路9号　电话：62052428、82073255

2020－2021年

北京市草地贪夜蛾监测防控工作汇编

谢爱婷　李恒羽　张加勇　主编

中国农业科学技术出版社

图书在版编目（CIP）数据

2020-2021年北京市草地贪夜蛾监测防控工作汇编/谢爱婷，李恒羽，张加勇主编.--北京：中国农业科学技术出版社，2023.11

ISBN 978-7-5116-6531-7

Ⅰ.①2… Ⅱ.①谢…②李…③张… Ⅲ.①草地—夜蛾科—病虫害防治—北京—2020-2021 Ⅳ.①S812.6②S449

中国国家版本馆CIP数据核字（2023）第223172号

责任编辑　陶莲
责任校对　贾若妍　李向荣
责任印制　姜义伟　王思文

出 版 者　中国农业科学技术出版社
　　　　　北京市中关村南大街12号　邮编：100081
电　　话　（010）82109705（编辑室）　　　（010）82109704（发行部）
　　　　　（010）82109709（读者服务部）
传　　真　（010）82106638
网　　址　https://castp.caas.cn
经 销 者　各地新华书店
印 刷 者　北京建宏印刷有限公司
开　　本　170 mm×240 mm　1/16
印　　张　6.75　彩插12面
字　　数　111千字
版　　次　2023年11月第1版　2023年11月第1次印刷
定　　价　80.00元

◀━━ 版权所有·侵权必究 ━━▶

2020–2021 年北京市草地贪夜蛾监测防控工作汇编
编委会

主　编　谢爱婷　李恒羽　张加勇

副主编　许晓东　张　智　侯峥嵘　尹　哲　李云龙
　　　　岳　瑾　穆常青　王帅宇　李　冲　郑子南

参　编（按姓氏拼音排序）

董　杰　冯学良　郭书臣　勾建军　孔垂智

贾　宏　刘　杰　刘　丹　刘　莉　卢润刚

李　锦　郎亚亨　马晓川　牟金伟　曲雪婷

师迎春　孙贝贝　宋　蒙　孙东伟　田兆迎

田　争　王洪宇　王泽民　王俊侠　王玉明

王　丹　王旭东　王　丽　吴美瑶　吴继宗

杨　文　张小利　张　宁　张占龙　张　超

张熠炀　赵恩永　赵安平

前　言

草地贪夜蛾［*Spodoptera frugiperda*（J. E. Smith）］也称秋黏虫，隶属于鳞翅目（Lepidoptera）、夜蛾科（Noctuidae）。原产于美洲热带和亚热带地区，是联合国粮食及农业组织全球预警的重大迁飞性农业害虫。2019 年 1 月，草地贪夜蛾首次从云南侵入我国，对当地玉米造成严重危害。2019 年 8 月，草地贪夜蛾首次侵入北京，北京市市委、市政府高度重视草地贪夜蛾监测防控工作，在北京市农业农村局的坚强领导下，北京市植物保护站立即响应农业农村部积极开展草地贪夜蛾监测防控的号召，先后印发《北京市草地贪夜蛾监测防控方案》《北京市草地贪夜蛾防控预案》等文件，在北京市玉米生产区部署性诱、灯诱监测点，在北京市延庆区昆虫雷达监测点将草地贪夜蛾列为重点监测对象。2019 年，北京市共 10 个区确认发现草地贪夜蛾成虫，累计诱蛾 620 头，田间未发现卵、幼虫及为害状。2020 年，草地贪夜蛾成虫迁入时间早，虫量较低，首次发现幼虫为害。8 月 19 日，北京市顺义区张镇贾家洼子村性诱监测点首先诱到草地贪夜蛾成虫，成虫始见期比 2019 年提早 10 天，截至 10 月底，全市共 9 个区发现草地贪夜蛾成虫，累计诱蛾 81 头。首次在晚播夏玉米苗和玉米自生苗上查见幼虫，共 5 个区确认发现幼虫，累计开展化学防治 429 亩。2020 年，北京市加强"三道防线"防控任务的同时，在北部延庆、平谷、密云、怀柔 4 个区构建草地贪夜蛾"长城防线"重点防范区，建立 20 000 亩"长城防线"核心防控示范区，紧急布控 20 000 套性诱捕器，每亩布设 1 套，防范草地贪夜蛾继续北迁进入我国东北、蒙东等玉米主产区。2021 年，北京市草地贪夜蛾迁入虫量少、分布不均、峰期不明显，幼虫为害轻，共 11 个区确认发现草地贪夜蛾成虫，累计诱蛾 93 头，首次在灯下诱集到雌成虫。3 个区确认发现草地贪夜蛾幼虫，北京市植物保护站及时组织 3 个幼虫发生区开展防控，防控面积 5 885 亩（其中，生物防治面积 5 340 亩），防治效果 100%，幼虫未发生扩散与蔓延。

为进一步做好北京市草地贪夜蛾监测防控工作，积累工作经验，北京市植物保护站整理了《2020—2021 年北京市草地贪夜蛾监测防控工作汇编》。本汇编分为两个部分，第一部分为 2020 年草地贪夜蛾监测防控工作总结，第二部分为 2021 年草地贪夜蛾监测防控工作总结，大部分内容都是 2020—2021 年北京市草地贪夜蛾监测防控工作的体现。本书的出版将对今后北京市开展草地贪夜蛾及其他重大迁飞性害虫监测防控工作具有较好的指导作用。特别感谢农业农村部、全国农业技术推广服务中心、北京市农业农村局的正确领导与悉心指导，感谢 13 个区植保部门的大力支持与帮助，在此一并向有关单位表示感谢。鉴于编者水平有限，不当之处敬请读者批评指正。

编者

2023 年 11 月

目 录

第一篇

2020 年草地贪夜蛾监测防控工作总结

2020 年北京市草地贪夜蛾监测防控工作总结

2019 年 1 月，草地贪夜蛾首次从云南侵入我国，之后快速向江南、江淮地区扩散蔓延，并进一步向北方地区扩散，2019 年 8 月 29 日，草地贪夜蛾首次侵入北京市。为有效控制该虫危害，落实《农业农村部种植业管理司关于落实草地贪夜蛾"长城防线"布防任务的通知》和《北京市农业农村局关于推进落实草地贪夜蛾"长城防线"布防任务的通知》等相关要求，北京市植物保护站追加申请了"2020 年落实全国草地贪夜蛾'长城防线'布防任务及加强'三道防线'防控项目"，在北京市北部延庆、平谷、密云、怀柔 4 个区构建草地贪夜蛾"长城防线"。同时，继续发挥"三道防线"对草地贪夜蛾等重大迁飞性害虫的监测阻截作用，持续开展京、津、冀、蒙、辽区域联防联控工作，做到提早防、联合防、全域防、综合防、长期防，有效压低了草地贪夜蛾种群数量，未对北京市玉米生产造成严重危害。

一、草地贪夜蛾发生情况

（一）全国虫情

2019 年 /2020 年冬季，草地贪夜蛾已在我国西南、华南定殖。截至 2020 年 12 月中旬，草地贪夜蛾已在我国 27 个省份 1 425 个县（市、区）发生，24 个省份查见幼虫，发生以长江流域及其以南地区为主，发生面积 1 900 余万亩（1 亩 ≈667 米^2），累计防治面积 2 700 余万亩，玉米发生面积占 98% 以上。

（二）周边省份虫情

河北虫情：2020 年 8 月 22 日，保定市高阳县及石家庄市行唐县、正定县相继发现草地贪夜蛾，随后河北省除承德市外，各市相继发现草地贪

3

夜蛾虫情。全省共有 55 个县发现草地贪夜蛾，超过 2019 年的 49 个县，其中，只发现成虫的县 21 个，只发现幼虫的县 16 个，成虫和幼虫都发现的县 18 个。河北省累计诱蛾 451 头，晚播玉米田发现幼虫为害，发生面积 3 234.1 亩，累计防治 14.2 万亩。

天津虫情：2020 年 8 月 27 日，监测到成虫迁入，9 月 7 日，首次在东丽区监测到草地贪夜蛾幼虫为害。截至 10 月 31 日，天津市共有东丽、静海、津南、宁河、西青、宝坻、武清、滨海新区、蓟州 9 个区确认发现草地贪夜蛾成虫，累计诱蛾 43 头，晚播夏玉米田查到幼虫 15 头。

（三）北京虫情

2020 年 8 月 19 日，北京市顺义区张镇贾家洼子村性诱监测点首次诱到草地贪夜蛾成虫，成虫始见期比 2019 年提早 10 天。截至 2020 年 10 月 31 日，北京市顺义、密云、怀柔、通州、昌平、平谷、延庆、海淀、丰台共 9 个区确认发现草地贪夜蛾成虫，累计诱蛾 81 头，较 2019 年减少 87%，昌平区诱蛾量最多，占总虫量的 38%。2020 年 9 月 9 日，首次在玉米自生苗上查见幼虫，截至 10 月 31 日昌平、密云、通州、海淀、丰台共 5 个区发现幼虫为害，查到幼虫 66 头，累计开展化学防治 429 亩（表 1，图 1，图 2）。

表 1　2019—2020 年北京市草地贪夜蛾发生情况统计

区	成虫首发日		成虫数量合计（头）		幼虫首发日		幼虫数量合计（头）	
	2020 年	2019 年	2020 年	2019 年	2020 年	2019 年	2020 年	2019 年
顺义	8 月 19 日	/	9	/	/	/	/	/
密云	8 月 24 日	9 月 24 日	11	23	9 月 10 日	/	8	/
怀柔	8 月 25 日	/	5（灯诱 1 头）	/	/	/	/	/
通州	8 月 27 日	9 月 20 日	11	63	9 月 11 日	/	23	/
昌平	9 月 3 日	8 月 29 日	31	429	9 月 9 日	/	20	/
平谷	9 月 10 日	9 月 28 日	5（灯诱 1 头）	35	/	/	/	/
延庆	9 月 2 日	9 月 10 日	3（灯诱 2 头）	7	/	/	/	/
海淀	9 月 20 日	9 月 18 日	3	11	9 月 14 日	/	7	/
丰台	9 月 22 日	9 月 17 日	3	24	9 月 22 日	/	8	/

续表

区	成虫首发日		成虫数量合计（头）		幼虫首发日		幼虫数量合计（头）	
	2020 年	2019 年	2020 年	2019 年	2020 年	2019 年	2020 年	2019 年
大兴	/	9 月 19 日	/	20	/	/	/	/
朝阳	/	9 月 16 日	/	7	/	/	/	/
门头沟	/	9 月 30 日	/	1	/	/	/	/
房山	/	/	/	/	/	/	/	/
全市合计			81	620			66	0

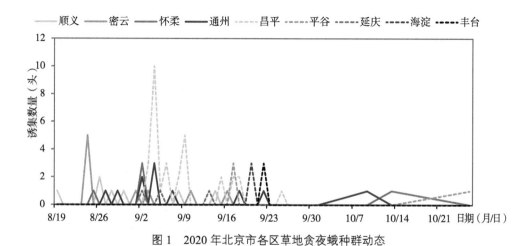

图 1   2020 年北京市各区草地贪夜蛾种群动态

图 2   2020 年北京市各区草地贪夜蛾诱虫量占比

二、草地贪夜蛾监测防控工作开展情况

（一）积极部署新发害虫草地贪夜蛾监测防控工作

1. 及时制定防控预案，科学部署压实防控责任

根据草地贪夜蛾发生态势，按照农业农村部《2020年全国草地贪夜蛾防控预案》以及《北京市草地贪夜蛾、草地螟等重大迁飞性害虫防控工作方案》（京政农发〔2019〕105号）相关要求，北京市植物保护站印发《北京市2020年草地贪夜蛾防控预案》《关于做好2020年草地贪夜蛾等重大病虫害监测与防控信息上报的通知》等文件，针对草地贪夜蛾等重大病虫害监测防控工作进行科学部署，明确属地责任、任务分工和工作要求，确保做好草地贪夜蛾等重大病虫监测防控工作，保障玉米生产安全。

2. 开展"三道防线"设备维修维护，确保正常运行

2019年，北京市植物保护站组织在北京市及周边布控了"三道防线"，安装高空测报灯120台，自动虫情测报灯40台，太阳能杀虫灯1 700台。从2020年3月开始，克服新冠肺炎疫情防控困难，北京市植物保护站组织各区陆续对"三道防线"监测防控设备进行维修维护，项目组多次赴房山、大兴、密云、延庆、平谷、怀柔等区开展现场督导检查，联络厂家对老旧集虫网袋、损坏灯管和失灵开关等进行维修。共维修维护自动虫情测报灯3台，高空测报灯33台，太阳能杀虫灯241台，保证了草地贪夜蛾监测防控工作的正常开展。

3. 加密加力开展虫情监测，深入一线加强技术督导

按照相关要求，2020年北京市加密加力开展草地贪夜蛾虫情监测，主要开展以下几方面的工作：一是提早监测，力争早发现、早预警、早处置。5月初，组织北京市13个区启动草地贪夜蛾等重大迁飞性害虫监测及信息报送工作，安排布控性诱、灯诱监测点，全面开展成虫系统监测。二是加强监测预警，加密部署监测设备。要求13个区种植玉米和小麦的乡镇，每

镇设立 1 个虫情系统监测点，每村至少安放 1 套性诱捕器，确保全面监测，力争区不漏乡、乡不漏村、村不漏田。全市共开启自动虫情测报灯 89 台、高空测报灯 85 台，部署性诱监测点 929 个、安装性诱捕器 26 914 套。加强田间技术指导，加大巡视检查力度，组织市、区两级技术人员 29 436 人次，深入田间地头开展普查指导，共开展田间普查 42.5 万亩。三是按时开启北京市延庆区昆虫雷达监测点。积极与科研院所及生产主体合作，克服新冠肺炎疫情及经费短缺等困难，按时开启北京市延庆区昆虫雷达监测点全套监测设备，开展玉米全生育期重大迁飞性害虫监测预警工作。四是及时启动京、津、冀、蒙、辽 5 省（区、市）区域联防联控联合监测点。继续开展 5 省（区、市）重大迁飞性害虫联防联控工作。4 月 30 日，向天津、河北、内蒙古、辽宁送达《关于做好 2020 年农作物重大病虫害区域联防联控工作的函》，11 个重大迁飞性害虫联合监测点先后正常运转，为区域性重大迁飞性害虫监测及联防联控提供了保障和数据支撑。通过逐日监测发现，5 月 30 日和 6 月 7—9 日，内蒙古科尔沁右翼前旗监测点先后发现 2 次草地螟迁入高峰，日最高诱蛾量分别为 17 600 头和 52 400 头，草地螟主要迁往东北地区，对北京市影响较小。其他害虫发生情况平稳，风险较低。通过多次专家研判分析认为，北京市部署的"三道防线"防控措施科学有效，对控制草地贪夜蛾迁入发挥了阻截作用，迁入虫量显著减少，建立的京、津、冀、蒙、辽 5 省（区、市）联防联控机制，互通虫情发生防控信息，对草地贪夜蛾区域联防联控发挥了重要作用。

4. 加强虫情信息上报，实行一周两报及日报制

从 2020 年 5 月 11 日起，北京市启动草地贪夜蛾等重大病虫害监测防控信息"一周两报"制，各区指定专人负责，每周一和周四各上报 1 次草地贪夜蛾等重大病虫害监测防控信息，北京市植物保护站派专人负责整理汇总虫情信息。从 8 月 19 日顺义区首次诱集到草地贪夜蛾成虫后，北京市启动草地贪夜蛾发生情况日报制。截至 2020 年 10 月 31 日，共汇总上报北京市草地贪夜蛾虫情快报 41 期，虫情专报 2 期，北京市草地贪夜蛾等重大病虫害监测与防控信息一周两报 37 期，报送农业农村部草地贪夜蛾发生情况省级周报 7 期。

5. 加强技术培训与宣传

2020 年，北京市继续加大草地贪夜蛾识别诊断与防控技术培训力度，确保让基层技术人员和广大农户准确掌握草地贪夜蛾的形态特征、为害特点等。市、区两级植保部门根据新冠肺炎疫情防控形势，通过视频会议、网络、现场指导等多种方式开展草地贪夜蛾识别诊断与防控技术宣传培训，制作草地贪夜蛾监测防控彩页。多次组织专家对北京市草地贪夜蛾发生形势进行分析研判，截至 12 月初，市、区两级共开展技术培训 37 期，培训 1 221 人次，印发草地贪夜蛾识别与防控技术资料 25 992 份。

6. 积极落实"长城防线"布防工作，加强"三道防线"防控任务

根据农业农村部种植业管理司要求，在北京市延庆、平谷、密云、怀柔 4 个区构建草地贪夜蛾"长城防线"重点防范区，防范草地贪夜蛾继续北迁进入我国东北、蒙东等玉米主产区。北京市植物保护站追加申报了"落实全国草地贪夜蛾'长城防线'布防任务及加强'三道防线'防控"项目，构建 20 000 亩"长城防线"核心防控示范区，紧急采购 20 000 套性诱捕器，按照每亩 1 套，每区 5 000 套的标准布控。北京市植物保护站与"三道防线"京外段所在植保机构及推荐的服务单位签订了北京市迁飞性害虫"三道防线"高空灯运行与维护服务合同，确保了"三道防线"监测防控设备的正常运转。在草地贪夜蛾、黏虫、草地螟等重大迁飞性害虫迁飞高峰期，有效阻截了部分迁飞性害虫，"三道防线"南部区域捕获的害虫种类主要有草地贪夜蛾、黏虫、棉铃虫等，北部区域捕获的害虫种类主要以草地螟、棉铃虫为主。

（二）开展草地贪夜蛾等迁飞性害虫监测防控技术研究

与中国农业科学院植物保护研究所、重点区生产基地联合开展草地贪夜蛾等重大迁飞性害虫监测防控技术研究。

1. 草地贪夜蛾性诱监测对比试验

在延庆、昌平、海淀、密云、平谷、通州、大兴等重点区开展草地贪夜蛾性诱监测对比试验，对比 4 ～ 6 个不同厂家性诱芯诱集效果及专一性，并将性诱、灯诱数据和田间发生情况进行对比，评价性诱监测准确性。在延庆区和海淀区测试表明，某厂家新研制的性诱芯诱集非靶标昆虫数量最少，其他厂家的性诱芯在诱到草地贪夜蛾的同时，存在诱集非靶标昆虫较多的现象。2020 年，草地贪夜蛾种群数量较低，需进一步开展相关试验研究。

2. 种子包衣防控草地贪夜蛾试验

选取氯虫苯甲酰胺、噻虫嗪、吡虫啉 3 种种衣剂，开展种子包衣防控草地贪夜蛾幼虫试验，3 种种衣剂对草地贪夜蛾及玉米螟等钻蛀性害虫幼虫的防效不是特别明显，对蚜虫有一定的防控效果，需进一步开展相关试验，验证研究。

三、草地贪夜蛾防控工作成效

（一）虫情防控处置及时，未对北京市玉米生产造成重大影响

2020 年 9 月 9 日，在昌平区首次通过田间调查发现幼虫后，先后在密云、通州、海淀和丰台区发现幼虫为害，共查到幼虫 66 头。虫情发生后，市、区两级植保部门统筹协调，立即组织植保专防队对诱捕到草地贪夜蛾成虫的性诱监测点及其周边地块进行田间普查，并喷施化学药剂开展应急防治，对发生地块玉米自生幼苗进行机械翻耕，周边杂草进行人工拔除，5 个幼虫发生区玉米生产都未受到严重影响。

（二）顺利完成"长城防线"布防任务

北京市植物保护站高度重视草地贪夜蛾"长城防线"布防任务，积极向北京市农业农村局申请专项资金，资金到位后立即开展防控设备招投标采购工作，并按程序在一周内迅速完成布控任务。"长城防线"与 2019 年构建的"三道防线"互为补充，充分发挥联合监测点的监测阻截作用，持续开展京、津、冀、蒙、辽区域联防联控工作，探索草地贪夜蛾、草地螟

等重大迁飞性害虫的联防联控工作策略。

四、2021 年草地贪夜蛾发生趋势分析

草地贪夜蛾迁入北京市的时间及虫量具有一定的不确定性，除与周边虫源地的发生情况密切相关外，还取决于有无适合成虫北迁的风场条件。2020 年，农业农村部根据草地贪夜蛾迁飞规律和区域为害特点，在 17 个省落实"三区三带"布防任务，在北方 8 个省构建"长城防线"，加大对草地贪夜蛾的防控阻截力度，对北迁的草地贪夜蛾虫量有明显的抑制作用，降低了北迁虫源量。综合近两年全国发生概况及北京市发生情况分析，预测 2021 年北京市草地贪夜蛾主要为害时期为 8—10 月，成虫主要集中在 8 月中下旬迁入北京市，但不排除台风等特殊气象事件或种植模式影响导致成虫提早迁入的可能，幼虫集中为害期为 9 月上中旬，各玉米生产区均有幼虫集中为害的可能，幼虫主要为害晚播夏玉米苗及玉米自生苗。

五、下一步工作计划

草地贪夜蛾是我国新发害虫，其生物学特性、迁飞规律、监测手段和防控措施等尚需进一步研究，为进一步提高应对能力和监测防控水平，北京市将重点做好以下工作。

（一）做好工作总结与经验交流

组织做好草地贪夜蛾监测防控工作总结和经验交流。认真总结草地贪夜蛾监测技术和防控经验，为进一步开展北京市监测防控工作提供技术支撑。

（二）开展发生规律与防控技术研究

与科研院所、高校合作，研究草地贪夜蛾发生为害规律、监测和防控技术，为做好北京市草地贪夜蛾监测防控工作打下坚实基础。

（三）开展重大迁飞性害虫区域联防联控

利用京、津、冀、蒙、辽 5 省（区、市）联防联控机制平台，继续开展重大迁飞性害虫联防联控工作。发挥"三道防线""长城防线"监测防控阻截作用，与京外监测点联合开展草地贪夜蛾、草地螟等害虫监测，阻截防控迁飞性害虫，保障农业生产安全及重大活动顺利举行。

（四）加强技术培训与宣传

通过现场授课、网络、电视等方式加强草地贪夜蛾监测防控技术培训与宣传，普及草地贪夜蛾识别诊断与防控技术，确保基层技术人员和广大农户准确掌握草地贪夜蛾的形态特征、为害习性和防控措施等。

北京市植物保护站

2020 年 12 月 4 日

2020年昌平区草地贪夜蛾监测防控工作总结

草地贪夜蛾是重大迁飞性农业害虫。2020年9月3日，昌平区监测到草地贪夜蛾成虫，9月9日，发现为害状和幼虫，截至10月31日，昌平区累计诱捕到草地贪夜蛾成虫31头，发现幼虫20头，防控面积30亩。具体工作总结如下。

一、积极做好监测防控各项准备工作

（一）成立工作领导小组，统筹草地贪夜蛾监测防控工作

为抓好2020年昌平区草地贪夜蛾监测防控工作，昌平区农业农村局成立以主管局长为组长，昌平区植保植检、农药管理、农技推广、农业环监、土肥、种子管理、各镇（街道）农办（农业服务中心）等多部门为成员单位的"昌平区草地贪夜蛾监测与防控工作领导小组"，并在昌平区植保植检站设立专门办公室，明确责任人、联系电话，统筹昌平区草地贪夜蛾监测防控工作的开展。

按照北京市植物保护站关于草地贪夜蛾工作的统一安排，制定了《昌平区2020年草地贪夜蛾监测与防控工作方案》。同时，结合辖区实际情况设置10个区级监测点（5个测报灯监测点、5个性诱监测点）、10个镇级监测点为主的监测网络，指定专人负责，有序开展监测和信息上报工作。

（二）申请财政资金，保障草地贪夜蛾监测与防控工作开展

2019年底，昌平区农业农村局向昌平区财政申请"昌平区2020年草地贪夜蛾监测与防控"专项资金31.09万元，有效促进和保障了辖区草地贪夜蛾监测与防控工作的开展。

（三）做好应急防控药剂储备和施药机械的维修

2020 年 3 月 25 日，昌平区农业农村局召集 3 家植保专防组织和 2 家农机服务组织部署辖区内草地贪夜蛾防控施药任务，要求上述单位提前做好施药农机、器械的维修维护，保证虫情发生时能迅速投入相关设备进行科学有效防控。按照全国农业技术推广服务中心关于印发《草地贪夜蛾应急防治药剂科学使用指导意见》的通知要求，组织 3 家植保专防组织购置、储备应急防控药剂共计 227.1 千克，用于草地贪夜蛾幼虫发生时应急防控。

（四）积极维修布设监测工具，确保成虫监测

昌平区植保植检站积极联系自动虫情测报灯、太阳能杀虫灯维修厂家对辖区内 100 台太阳能杀虫灯和 7 台自动虫情测报灯进行专项维修，确保 2020 年 5 月 1 日正常开灯开展草地贪夜蛾成虫监测工作。积极联系性诱捕器生产厂家配置 100 套性诱捕器，于 4 月底布设到相关监测点中，确保 5 月 1 日起全面开展草地贪夜蛾性诱监测工作。

（五）组织监测技术培训，提高技术人员识别监测能力

2020 年 6 月 4 日，在确保新冠肺炎疫情防控安全的前提下，昌平区植保植检站采取分开就座、佩戴口罩、体温检测和部分人员线上培训等措施，举办了"2020 年昌平区草地贪夜蛾等重大迁飞性害虫工作部署暨技术培训会"，邀请北京市植物保护站专家为监测点技术人员进行草地贪夜蛾发生动态、为害特点、识别特征、防控要点等技术培训。辖区监测点 20 余名监测人员参加现场培训，其余乡镇技术员及种植大户参加线上培训。会后为参会人员发放《草地贪夜蛾防控手册》100 套，增发草地贪夜蛾性诱捕器 100 余套。

二、建立两级监测网络，系统开展成虫监测

在昌平区建立区级和村级两套监测网络。

区级监测点：全区共设置 10 个区级监测点，其中，5 个为测报灯监测点、5 个为性诱监测点，各监测点均由昌平区植保植检站选取，并指定专人开展监测调查。

村级监测点：共设置 11 个村级监测点，分别由兴寿、崔村、百善、小汤山、马池口、流村、阳坊、南口、十三陵、南邵等 10 个主要涉农镇农业主管部门依据本地区种植情况各选取 1～2 个村，指定专人负责性诱捕器成虫监测。

昌平区共设置性诱监测点 21 个，每个监测点每月配发 5 套性诱捕器，全年共发放性诱捕器 500 余套，系统监测草地贪夜蛾成虫发生情况。

三、监测结果与防控情况

2020 年 9 月 3 日，经北京市植物保护站专家鉴定确认昌平区监测到草地贪夜蛾成虫。截至 10 月 31 日，昌平区累计诱集草地贪夜蛾成虫 31 头。

2020 年 9 月 9 日，经北京市植物保护站专家鉴定确认昌平区首次普查到草地贪夜蛾幼虫，9 月 9—10 日，昌平区植保植检站组织北京捷西农业科技有限责任公司对南邵镇姜屯村华耐种植基地幼虫发生田块及周边地块进行喷药防控，防治面积 30 亩次。同时，为彻底切断草地贪夜蛾产卵为害途径，对华耐种植基地及周边玉米自生苗地块进行旋耕处理，清除草地贪夜蛾产卵为害潜在宿主，做到预防为先。截至 10 月 31 日，昌平区累计发现草地贪夜蛾幼虫 20 头，出动普查人员 120 余人次，田间普查面积 15 600 余亩。

四、经验小结

（一）各级领导重视，各部门通力配合，是做好草地贪夜蛾监测和防控工作的坚实基础

昌平区在北京市农业农村局和北京市植物保护站各级领导的关怀下，

14

昌平区委昌平区政府、昌平区农业农村局、昌平区财政局、昌平区农业服务中心、各镇街道、昌平区农业技术推广站、昌平区土肥站、昌平区环境监测站等各级领导均对草地贪夜蛾监测防控工作给予重点关注，并提供了诸多帮助。昌平区草地贪夜蛾监测与防控工作小组迅速成立，有序开展监测防控技术培训、布设监测点等基础性工作，为昌平区草地贪夜蛾监测和防控工作奠定了坚实的基础。

（二）草地贪夜蛾虫情信息上报渠道顺畅，市区两级沟通及时，甄别鉴定迅速，为科学防控提供重要依据

自 9 月 3 日监测到草地贪夜蛾成虫以来，昌平区严格按照上报程序每日逐级上报虫情，多次邀请北京市植物保护站专家共同对草地贪夜蛾发生规律及监测技术进行研讨，对疑似成虫第一时间发送图片请相关专家进行识别鉴定，冷冻草地贪夜蛾成虫送往中国农业科学院植物保护研究所进行分子研究。通过市、区两级植保部门的不断沟通交流，对草地贪夜蛾成虫实现了快速鉴定，准确上报，为昌平区及时组织开展草地贪夜蛾防控工作提供了重要依据。

（三）各监测点监测人员秉持高度责任心，每天准时上报虫情，为昌平区研判草地贪夜蛾虫情发展提供数据支撑

昌平区共建了 21 个草地贪夜蛾虫情监测点，遍布 10 个主要涉农乡镇和 10 个重要园区。各监测点监测人员本着高度负责，不辞劳苦的精神每日对虫情进行调查，有的监测点每日早晚各调查一次，准时将当日虫情上报到昌平区植保植检站，为昌平区研判草地贪夜蛾虫情发展态势提供了数据支持。

（四）性诱监测设备布控有效，灯诱监测设备及时安装到位，共同确保监测防控效果

昌平区植保植检站针对本区农业生产情况提前购置了 500 多套性诱捕

器，对重点地区进行早期布控。通过每日虫情监测，对虫量大的重点区域进行性诱监测及诱杀防控，取得了很好的防控效果。自动虫情测报灯和太阳能杀虫灯及时安装到位，共同确保监测防控效果。

昌平区植保植检站

2020 年 11 月 27 日

2020 年顺义区草地贪夜蛾监测防控工作总结

草地贪夜蛾是联合国粮食及农业组织全球预警的重大害虫，据全国农业技术推广服务中心预测，2020 年春季草地贪夜蛾北迁时间提早，有集中为害的可能。为此顺义区领导高度重视，贯彻落实中央一号文件及《2020年全国粮食作物春耕春管技术意见》精神，及早制定防控预案、成立领导小组、建立监测网、召开部署会、印制宣传彩页发放到户、发放防控药剂等全面落实防控措施，2020 年，顺义区草地贪夜蛾未造成危害。

一、领导重视及早谋划

根据 2020 年 3 月 10 日《北京市 2020 年草地贪夜蛾防控预案》精神，顺义区植保植检站于 3 月 19 日制定《顺义区 2020 年草地贪夜蛾防控预案》，上报顺义区种植业服务中心、顺义区农业农村局，争取资金支持，进行立项。3 月 27 日，区农业农村局、区种植业服务中心联合向顺义区财政局行文《关于协调解决 2020 年草地贪夜蛾防控工作资金的函》。顺义区政府于 4 月底批复《北京市顺义区财政局关于顺义区农业农村局、顺义区种植业服务中心申请 2020 年草地贪夜蛾防控工作资金的报告》，下拨资金86.23 万元，为草地贪夜蛾监测防控工作的开展提供了有力保障。

二、早部署，早监测

顺义区成立草地贪夜蛾监测防控工作领导小组，建立监测网，全面开展虫情监测。

（一）成立领导小组，明确职责任务

顺义区农业农村局负责总体防控工作协调与资金筹备，顺义区植保植

检站负责区级虫情监测、技术培训与防控技术指导、物资采购与发放，各镇农业主管部门按照属地管理负责村级虫情监测、宣传、物资发放及组织实施，办公室设在顺义区植保植检站。各部门密切配合全力做好草地贪夜蛾防控工作，坚决遏制草地贪夜蛾对顺义区粮食生产造成不利影响。

6月15日，下发《关于印发顺义区2020年草地贪夜蛾防控预案的通知》，要求各镇结合本地实际情况，因地制宜落实草地贪夜蛾各项监测防控技术措施。

（二）建立区镇两级监测网，全面开展虫情监测

区级监测：由顺义区植保植检站负责。在粮菜主产镇建立区级监测点24个，其中，测报灯监测点13个，采用自动虫情测报灯、性诱捕器监测成虫，普查幼虫；性诱监测点11个，采用性诱捕器监测成虫，普查幼虫。自5月9日起开始监测。

镇级监测：由镇级相关部门负责。按照上级文件精神，监测做到区不漏镇、镇不漏村、村不漏田。在全区315个玉米种植村，每村布控至少1套性诱捕器，由专人负责管理监测并及时上报数据至乡镇。自8月12日起开始监测。

（三）召开培训部署会，落实监测防控工作

2020年5月8日，召开"2020年草地贪夜蛾监测部署暨培训会"，24个区级监测点负责人参加培训，部署顺义区草地贪夜蛾监测工作，发放性诱捕器72套。

8月11日，召开"草地贪夜蛾防控技术培训及物资发放工作会"，区种植业服务中心领导、农业科科长及各监测点负责人参会，部署顺义区草地贪夜蛾防控工作，发放性诱捕器350套，发放防控药剂两种共9 000千克，要求各乡镇一旦发现虫情，立即防治，治早治了。

8月20日，召开顺义区草地贪夜蛾防控工作会，顺义区农业农村局主任、顺义区种植业服务中心主任、顺义区植保植检站站长及各乡镇负责

人参会。顺义区植保植检站技术人员汇报了草地贪夜蛾监测防控工作情况，通过分析研判确认草地贪夜蛾在顺义区可防可控，明确下一步工作重点，一是加强虫情监测。全面落实区不漏镇、镇不漏村、村不漏田的监测要求，加大监测力度，发现疑似虫情立即上报；二是加强防控工作督导。对各镇草地贪夜蛾监测情况、宣传情况、防控物资发放情况等进行督导检查，确保各项防控措施落实到位，严防为害。

8 月 27 日，顺义区农业农村局召开各镇农业科长会，对草地贪夜蛾防控工作再部署，要求各镇宣传到位、监测到位、物资发放到位，加强信息沟通，做到上传下达；强调高度重视，严防为害，不能出现灾情。

三、加强宣传培训，普及防控知识

2020 年，顺义区共召开培训会 3 次，累计培训 96 人次，发放宣传彩页 7 000 份，宣传海报 315 张。

5 月 8 日，召开"2020 年草地贪夜蛾监测部署暨培训会"，邀请北京市植物保护站测报科科长培训草地贪夜蛾监测与防控技术，确保区级监测人员能够准确识别和监测草地贪夜蛾。

6 月 15 日，下发《关于印发顺义区 2020 年草地贪夜蛾防控预案的通知》，要求各镇结合本地实际情况，因地制宜落实草地贪夜蛾各项监测防控技术措施，印制发放宣传彩页 7 000 份，确保玉米种植户每户 1 份，普及草地贪夜蛾识别防控知识。

8 月 11 日，召开"草地贪夜蛾防控技术培训及物资发放工作会"，对各镇农业科技人员培训识别与防控知识，确保各镇有技术骨干，每个村有技术明白人，发放宣传海报 315 张，玉米种植村每村一张，并在村宣传栏上张贴。

11 月 25 日，召开"顺义区 2020 年重大植物疫情监测技术培训暨工作总结会"，各乡镇草地贪夜蛾、苹果囊蛾等监测点技术人员及相关科室负责人参会。会议邀请北京市植物保护站测报科谢爱婷科长讲解国内外草地贪夜蛾发生防控形势分析，草地贪夜蛾识别、监测手段、防控措施及国内最新的防控试验成果等，提高了技术人员对监测防控工作的认识，提升草地贪夜蛾识别能力与监测水平。

四、加强督导，建立信息上报制度

顺义区植保植检站成立3个工作组，每日巡查性诱监测点成虫诱集情况，指导监测人员对草地贪夜蛾成虫、卵和幼虫识别。检查各镇宣传册、防控药剂发放情况，以及应急处置预案建立情况等，时刻做好应急防控准备。

建立信息逐级报送制度，杜绝漏报、迟报、错报，确保虫情及时准确传递。启动草地贪夜蛾虫情监测快报制度，发现新情况，当日上报顺义区政府和北京市农业农村局，并根据植保专家建议，及时采取措施果断处置。

通过上下同心，全面布控，2020年8月19日，在顺义区张镇贾家洼子村诱到草地贪夜蛾雄成虫1头，为北京市2020年首次发现虫情。8月26日，北京市委农工委书记、农业农村局局长带队到顺义区调研草地贪夜蛾防控工作，对顺义区制定的草地贪夜蛾防控预案和虫情监测等工作给予了充分肯定。2020年，顺义区先后在3个性诱系统监测点诱集到成虫，累计诱蛾9头，田间未发现卵、幼虫及为害状。草地贪夜蛾的迁入未对夏玉米造成危害，达到了上级文件"早谋划、早预警、早准备、早防治"的要求，确保了秋粮生产安全及丰产丰收。

总之，2020年，草地贪夜蛾未对顺义区玉米生产造成危害，我们将继续努力把草地贪夜蛾防控工作做好、做实，为顺义区农业生产保驾护航。

顺义区植保植检站

2020年11月28日

2020 年平谷区草地贪夜蛾监测防控工作总结

草地贪夜蛾是联合国粮食及农业组织全球预警的重大迁飞性农业害虫，该虫于 2019 年 1 月，相继从境外迁入我国西南、华南等地区，并快速向北迁飞扩散，发展迅速，波及范围广。平谷区于 2019 年 9 月 28 日，在马昌营镇王官屯村性诱监测点首次发现草地贪夜蛾成虫。2020 年，平谷区植物保护站在上级领导的支持和指导下，在新冠肺炎疫情防控常态化的紧张形势下，利用多项举措很好地完成了草地贪夜蛾监测任务，未对平谷区粮食生产造成危害。

一、加强组织领导，构建上层建设

2020 年，草地贪夜蛾监测防控工作从年初开始就列入平谷区植物保护站的重点工作，针对专家预判 2020 年草地贪夜蛾迁入时间可能提前的预测，领导班子立即组织召开工作部署会，成立草地贪夜蛾监测与防控技术领导小组，根据《北京市 2020 年草地贪夜蛾防控预案》要求，结合平谷区粮经作物的种植情况，以及草地贪夜蛾工作进展，落实"政府主导、属地责任、联防联控"工作机制，先后印发《平谷区 2020 年草地贪夜蛾防控预案》和《关于加强草地贪夜蛾监测防控工作的紧急通知》两份红头文件，组织建立了平谷区草地贪夜蛾监测防控工作微信群，畅通沟通机制。

在监测防控过程中，北京市农业农村局、北京市植物保护站以及平谷区农业农村局领导，多次到平谷区各监测点实地查看，督导检查草地贪夜蛾性诱捕器布放、玉米田幼虫发生为害和太阳能杀虫灯运行安全等情况，现场开展工作指导和技术培训，对平谷区草地贪夜蛾的监测工作加以肯定的同时，也给予了领导支持。

二、建立健全监测网络

平谷区植物保护站从 2020 年 4 月开始，检修 2019 年建设完成的"三道防线"高空测报灯和太阳能杀虫灯，布设系统监测点性诱捕器等监测部署工作，力求保证 5 月 1 日各项监测设备的正常开启。平谷区在马坊、东高村、夏各庄、金海湖等 6 个接壤外省的乡镇共布控高空测报灯 10 盏；在 17 个乡镇、街道共布控 259 台太阳能杀虫灯，结合"长城防线"，在各乡镇各村小麦、玉米田布设 5 995 套性诱捕器。其中，设立性诱监测防控示范区 2 个、系统监测点 22 个，包括 15 个草地贪夜蛾性诱系统监测点、1 个高空测报灯系统监测点和 6 个自动虫情测报灯监测点，力争做到重点作物、重点田块、重点地带全覆盖，多种监测手段共同发挥效力。同时，要求各乡镇全科农技员发挥基层作用，主动及时地开展玉米田间调查，截至 10 月底，出动调查人员 996 人次，调查面积 34 195 亩次。

三、强化属地责任，增强风险意识

2020 年，处于新冠肺炎疫情防控常态化中，尤其是前期疫情防控严重时期，不能组织召开聚集性培训会，但是草地贪夜蛾监测防控工作又不能放松，为此平谷区植物保护站通过平谷区政府小格子、电话联系、微信沟通等多种方式，积极与各乡镇农办负责人联系，说明草地贪夜蛾监测防控工作的必要性，强调属地管理的重要性，要求各乡镇农办积极组织力量，加强监测，做好田间踏查，发现疑似虫情及时上报。

四、密切关注周边动态，及时响应

2020 年在北京市首次发现虫情后，平谷区植物保护站第一时间下发通知，要求各乡镇农办农技员、系统监测点技术人员加强对监测点的调查，加大田间幼虫的普查力度。针对各监测点玉米长势，调整系统监测点地块，更换到玉米晚熟品种上，增加诱捕概率，为平谷区及时准确监测成虫起到了积极的作用。

五、加强组织督导，保证监测网络体系正常运转

针对新冠肺炎疫情的影响，项目组采取多种手段，对监测设备使用、布放、运行等情况进行检查，以及时掌握防控缓冲带各种监测设备的运行情况。通过检查发现的主要问题有：个别设备损坏无法正常工作，设备残虫清理不及时，因灯具室外暴露，遇到雷雨极端天气和体积较大虫体扑灯造成电路短路隐患等。项目组考虑目前疫情防控期间，人员流动困难，及时采取针对性措施，一是利用微信群与各监测点进行及时沟通并提出明确工作要求；二是与外地厂家利用线上视频连线的方式远程维修；三是针对监测设备的隐患撰写说明上报北京市植物保护站，及时排除解决隐患，保证监测设备的正常运转。

六、发现虫情，应急到位

平谷区从 2020 年 5 月初开始监测虫情，于 9 月 10 日，在东高村镇北张岱村利用性诱捕器诱捕到草地贪夜蛾疑似成虫 1 头，与北京市植物保护站专家沟通后，确认为草地贪夜蛾成虫。发现虫情后，立即启动应急防控机制，第一时间上报平谷区相关领导，并及时做出响应，第一时间在平谷区的草地贪夜蛾工作群内发布紧急通知，要求各乡镇、各系统监测点立即开展拉网式排查，启动虫情日报制度，无障碍沟通监测信息。同时，平谷区植物保护站技术人员两两分组，对平谷区晚播玉米田进行田间普查。截至 2020 年 10 月底，共发现草地贪夜蛾成虫 5 头，分别为 9 月 10 日，东高村镇北张岱村性诱捕器发现 1 头；9 月 17 日，马坊镇李蔡街村性诱捕器发现 1 头；峪口镇峪口村性诱捕器发现 2 头；10 月 26 日，马坊镇二条街村高空测报灯发现 1 头，田间普查未发现草地贪夜蛾卵、幼虫及为害状。

七、开展草地贪夜蛾监测防控技术培训与宣传

在新冠肺炎疫情常态化的非常时期，利用各种手段和多种形式开展

宣传及培训工作。依托农资导报的云讲堂和平谷区草地贪夜蛾监测防控工作微信群，对平谷区各乡镇及各村的农办领导、全科农技员开展"云"培训；利用腾讯视频软件参加全国农业技术推广服务中心和北京市植物保护站组织的草地贪夜蛾监测防控技术网络培训；及时在虫情监测微信群转发分享草地贪夜蛾识别诊断及监测防控技术图片，加深各级监测人员对草地贪夜蛾成虫和幼虫的认识；利用下乡一对一指导的方式，加强监测点技术人员草地贪夜蛾识别技术水平；利用大田普查，采取点片结合的方式，发放宣传图谱，提高农民对草地贪夜蛾监测防控重要性认识和识别准确率，通过各种途径共培训276人次，发放宣传技术挂图1 500余份。

平谷区植物保护站

2020 年 11 月 27 日

2020 年通州区草地贪夜蛾监测防控工作总结

根据北京市农业农村局《积极应对新冠肺炎疫情抓好"菜篮子"稳产保供和春耕备耕工作的指导意见》、北京市植物保护站《北京市 2020 年草地贪夜蛾防控预案》相关部署要求，通州区植物保护站深入贯彻落实草地贪夜蛾防控工作精神，及时做好防控预案，积极指导本区开展虫情监测与防控，顺利完成草地贪夜蛾防控工作，现将本年度工作总结如下。

一、任务目标

实现"两个确保"，即确保虫口密度达标区域应防尽防，确保不大面积成灾。防控处置率 90% 以上，总体危害损失控制在 5% 以内。

二、主要措施与做法

（一）加强组织领导，提高政治站位确保粮食安全

针对全球预警的重大迁飞性农业害虫草地贪夜蛾，通州区植物保护站根据北京市、通州区防控工作精神，结合 2019 年通州区的发生和监测情况，及时制定《通州区 2020 年草地贪夜蛾监测与防控预案》《草地贪夜蛾监测与防控工作指导意见》《草地贪夜蛾监测防控技术措施》，指导各乡镇农业主管部门开展草地贪夜蛾监测与防控，要求每个涉农乡镇指定 1 名固定人员，负责本辖区内草地贪夜蛾的监测日报，做到一周两报、见虫后每日上报监测数据等工作；同时，在通州区遴选了 2 家植保专防组织，为草地贪夜蛾的防控做好准备工作。

本着以粮食作物为主，兼顾蔬菜作物的原则，设立性诱监测点 177 个、布控性诱捕器 240 余套，实现粮食作物全覆盖；设立灯诱监测点 13

个，涉及 9 个涉农乡镇，确保灯诱监测无死角；及时对 2019 年安装的 100 盏太阳能杀虫灯进行检修，确保草地贪夜蛾发生期正常运转。为确保各项措施取得实效，通州区植物保护站成立督导小组，深入防控一线，定期对 10 个粮食种植乡镇的草地贪夜蛾监测情况进行督查和现场指导，确保监测布控措施充分发挥作用。

（二）加强宣传培训，动员各方力量参与监测防控

为实现对草地贪夜蛾的有效监测与防控，在新冠肺炎疫情防控常态化形势下，积极利用各种线上服务平台进行宣传培训。组织乡镇农业主管部门技术人员、植物诊所负责人、植物医生、基层监测人员等参加线上技术培训 2 次，培训 150 余人次，培训内容主要有：草地贪夜蛾的识别、危害、监测与防控技术等。通过培训发动各方参与草地贪夜蛾的监测与防控工作，及时了解和掌握草地贪夜蛾的发生动态。

期间，通州区植物保护站制作并发放草地贪夜蛾识别与防控明白纸 5 500 份、发布草地贪夜蛾识别与防控病虫情报 1 期、发放草地贪夜蛾识别与防控挂图等宣传材料 5 700 余份。在宣传的同时，动员农户在生产中加强识别与自查自防。

（三）加强信息报送制度，确保及时掌握和科学处置

本着"早发现，早处置"的原则，5 月 14 日开始，通州区开始执行虫情一周两报制度，发现成虫后调整为日报制。为提高监测预警的时效性和准确性，通州区充分利用市 – 区 – 乡（镇）– 村四级监测预警体系开展草地贪夜蛾监测工作，监测人员每天查看系统监测点诱虫情况，并及时上报乡镇农业主管部门；乡镇农业主管部门指定专人及时汇总虫情并上报至通州区植物保护站；通州区植物保护站设专人进行监测数据的收集整理，并上报北京市植物保护站相关负责人。同时，积极利用微信群、新媒体平台等开展数据报送与信息沟通，提高工作效率，及时掌握田间虫情。

（四）加强监测预警，确保及时指导和科学防控

为加强草地贪夜蛾监测布控，密切监测虫情动态，在做好成虫监测的同时，将幼虫列入玉米病虫害常规普查监测任务，设立春玉米、夏玉米监测点共 6 个，作物生长期每 5 天调查一次幼虫发生情况；针对重点地块发放 14% 氯虫·高氯氟氰微囊悬浮－悬浮剂 120 千克、50 克 / 升虱螨脲乳油 180 千克，随时做好药剂防控与扑杀准备。

8 月 27 日，在潞城镇东刘庄村首先发现迁入成虫，发现成虫迁入后，开展大范围拉网式幼虫普查，调整监测频率由 5 天调查一次改为每周调查两次，于 9 月 11 日，在于家务镇于家务村的青饲玉米上发现 3 龄幼虫 23 头。发现虫情后，通州区植物保护站迅速与乡镇农业主管部门协调，组织植保专防队对幼虫发生地块及周边地区进行药剂防治，防治面积达 130 亩，同时，对发生地块周围的玉米地和杂草进行调查，未发现草地贪夜蛾卵、幼虫及为害状。

三、2020 年草地贪夜蛾发生情况

2020 年，通州区在潞城、漷县、马驹桥 3 个乡镇的 4 个性诱监测点发现成虫 11 头，其中，潞城镇东刘庄监测点 1 头、漷县镇草厂监测点 2 头、漷县镇觅子店监测点 4 头、马驹桥镇神驹村监测点 4 头。2020 年，通州区首次监测到成虫是在 8 月 27 日，比 2019 年提早 24 天；9 月 4 日，单日诱蛾数量最高，为 3 头，较 2019 年的单日诱蛾高峰虫量少 26 头。

9 月 11 日，在于家务镇于家务村青饲玉米上首次发现草地贪夜蛾幼虫，虫量 23 头，及时进行了药剂防控，未造成重大产量损失。

四、2021 年防控重点

（一）强化监测预警

充分利用四级监测预警体系以及各种监测设备，积极开展草地贪夜蛾监测预警，从 5 月开始进行灯诱和性诱监测，密切关注草地贪夜蛾在通州

区的发生情况。

（二）强化宣传培训

加强草地贪夜蛾识别与防控技术培训，必要时进行现场观摩与指导，从而能够更准确地掌握草地贪夜蛾在通州区的发生情况。

（三）做好应急防控准备

一方面做好物资储备，充分利用区级财政预算，储备部分防控药剂，做好防控准备；另一方面利用植保专业化防控组织，根据其防控能力，动员其积极参与应急防控。

北京市通州区植物保护站

2020 年 11 月 4 日

2020 年密云区草地贪夜蛾监测防控工作总结

根据全国农作物病虫害监测网调查监测，2020 年草地贪夜蛾春季北迁时间提早，虫量加大，暴发形势严峻，各地区均有集中为害的可能，防控任务更加艰巨。为认真抓好草地贪夜蛾防控工作，有效减少粮食作物危害损失，密云区认真贯彻落实中央一号文件及《2020 年全国粮食作物春耕春管技术意见》精神并制定了《密云区 2020 年草地贪夜蛾防控预案》。在做好新冠肺炎疫情防控的同时，按照"早谋划、早预警、早准备、早防治"的要求，坚决遏制草地贪夜蛾大面积成灾，避免对密云区粮食生产造成不利影响。实现"两个确保"，即确保虫口密度达标区域应防尽防，确保不大面积成灾。防控处置率 90% 以上，总体危害损失控制在 5% 以内。

按照农业农村部提出的"全面监测、全力扑杀、分区施策、联防联控"的要求，加强监测预报，密云区适时启动"三道防线"，抓住关键防控时期、关键技术，大力推进统防统治与京、津、冀联防联控，最大限度降低危害损失。

一、2020 年草地贪夜蛾发生情况

2020 年 8 月 24 日，在密云区河南寨镇平头村玉米田性诱捕器上首先诱集到草地贪夜蛾成虫，虫量为 5 头，9 月 10 日，在东邵渠镇汇源基地晚播青饲玉米田内首次发现草地贪夜蛾幼虫，虫量为 8 头，也是密云区自 2019 年监测草地贪夜蛾以来首次发现幼虫为害。幼虫为害面积 1 亩。2020 年，共诱集草地贪夜蛾成虫 11 头，查到草地贪夜蛾幼虫 8 头。发现幼虫为害后，密云区植保植检站及时调动应急防治队进行防治，防治面积 240 亩。

二、完成疫情防控期间监测设备维护运转

2020年初，受新冠肺炎疫情影响，密云区植保植检站抽调半数以上职工下沉社区坚守疫情防控的同时，积极协调厂家对各乡镇的监测设备进行维修和保养。确保密云区17个乡镇的15台高空测报灯和210台太阳能杀虫灯都能正常运转。

三、完成虫情监测与普查

根据北京市植物保护站要求，密云区植保植检站认真做好虫情监测与普查工作，从2020年4月1日至10月31日，共普查17个乡镇，定点普查73个地块。布放草地贪夜蛾性诱捕器1 400套，用于监测及诱杀草地贪夜蛾雄成虫。除此之外，要求各乡镇农业服务中心负责草地贪夜蛾的工作人员及各村全科农技员每天查看玉米地是否发现草地贪夜蛾成虫，实行每日上报，坚持虫情零报告制度。

四、完成应急防控准备及培训工作

针对玉米生长后期防控难度大等特殊情况，加强草地贪夜蛾虫情监测，强化监测预警。将草地贪夜蛾作为重点监测对象，充分利用性诱监测设备、高空测报灯等手段加密监测，尤其对玉米种植集中区域进行重点监测，各相关监测点指定专人负责，对重点作物、重点区域开展普查，按时报送监测数据。并组织各乡镇的全科农技员和部分种植户进行草地贪夜蛾监测防控技术培训，共组织草地贪夜蛾专题培训6次，结合田间指导，电话、微信等不同方式的培训，共培训400多人次。发放宣传材料600余份，确保各乡镇全科农技员都能大致识别草地贪夜蛾，对疑似成虫及时上报给密云区植保植检站。密云河南寨农机服务专业合作社专业防治队负责调配防治机械的储备检修等工作，保障及时发现及时防治。

五、做好虫情信息报送

密云区植保植检站指定专人将草地贪夜蛾监测防控工作信息报送给北京市植物保护站，虫情实行日报告制度。每日上报高空测报灯监测数据及性诱捕器诱集情况。任何单位和个人一旦发现疑似草地贪夜蛾或出现草地螟等重大迁飞性害虫的大量迁入时，随时向当地农业农村主管部门或密云区植保植检站报告，由密云区植保植检站及时上报北京市植物保护站核实鉴定，确定为虫情后，逐级上报，并及时做好防治工作，并做好记录备查。

六、2021 年工作计划

（1）继续做好草地贪夜蛾监测、预警工作。
（2）继续加大草地贪夜蛾监测及防控技术的培训工作。
（3）继续加强防控工作、完善信息报送。
（4）做好药剂储备及专防队伍的培训等工作。

密云区植保植检站

2020 年 11 月 23 日

2020 年延庆区草地贪夜蛾监测防控工作总结

根据《北京市 2020 年草地贪夜蛾防控预案》（京农植字〔2020〕8 号）文件精神和《农业农村部种植业管理司关于落实草地贪夜蛾"长城防线"布防任务的通知》（农农植保〔2020〕18 号）要求，延庆区植物保护站制定了《延庆区草地贪夜蛾防控工作方案》，并开展相关工作，现总结如下。

一、设立工作目标

针对草地贪夜蛾等迁飞性害虫的严峻发生形势，及时组织人力、财力、物力，加强虫情监测，落实构建"三道防线"防控缓冲区，做到"三力争、两确保"。"三力争"即：力争阻截于区域外、力争农业生产不成灾，力争严防进入城中区。"两确保"即：确保延庆区玉米生产不大面积危害成灾、确保不造成重大社会影响。

二、防控工作任务

（一）草地贪夜蛾"长城防线"布防任务

根据"长城防线"布防要求，在延庆区共设置 10 台高空测报灯、410 台太阳能杀虫灯和 5 000 套性诱捕器，形成 1 条高空测报灯阻截监测带和 1 条杀虫灯带，监测诱杀草地贪夜蛾成虫，做到提早防、联合防、全域防、综合防、长期防。

（二）做好应急防控准备

针对玉米生长后期防控难度大等特殊情况，延庆区两支植保专业化防控队伍，随时待命。同时，妥善存储应急防控药剂，注意使用安全。

（三）做好虫情监测与普查

延庆区加大草地贪夜蛾等重大迁飞性害虫虫情监测与普查。按照《北京市 2020 年草地贪夜蛾防控预案》要求，定期对性诱捕器和测报灯诱到的虫情进行统计，确保成虫早发现、早预警。

三、监测防控工作开展情况

（一）组织学习宣传培训

前期受新冠肺炎疫情影响，主要利用延庆区监测微信群培训基层技术人员，并部署相关工作。

9 月 29 日，参加北京市植物保护站组织的 2020 年北京市草地贪夜蛾监测及防控技术视频培训会。

10 月 23 日，延庆区植物保护站组织召开"延庆区草地贪夜蛾监测防控培训会"。各乡镇农业服务中心、全科农技员及监测人员 80 余人参训，北京市植物保护站谢爱婷科长介绍了 2020 年草地贪夜蛾的发生防控情况，并对草地贪夜蛾的生物学习性、形态特征、为害状、监测防控技术做了详细的讲解。延庆区全年举办专题培训 3 期，共培训 280 余人次，累计发放技术挂图、宣传手册 5 000 余份，出动技术人员 1 000 余人次开展田间普查。

（二）监测和普查工作

1. 成虫监测

延庆区玉米及杂粮种植面积 15 万亩左右，共开启 10 台高空测报灯、410 台太阳能杀虫灯、3 台自动虫情测报灯，形成 1 条高空测报灯阻截监测带和 1 条杀虫灯带。在 2019 年工作的基础上，延庆区植物保护站负责对接各乡镇，并与乡镇签订管理使用协议，落实监测管理费用；各乡镇做好管理和使用工作，负责安排具体监测人员。

延庆区植物保护站设立了 6 个性诱系统监测点，共布设 50 套性诱捕器，遴选专人开展成虫系统监测，并与之签订监测管理协议，支付监测管理费。同时，加强技术培训，提高技术人员监测水平，并要求所有监测人员定期上报虫情，保证数据的真实性、及时性和准确性。延庆区植物保护站粮经测报室指定专人每日将虫情监测防控工作情况汇总上报至北京市植物保护站。

2020 年，在旧县镇东羊坊基地系统监测点共发现草地贪夜蛾成虫 3 头。其中，9 月 2 日、9 月 5 日高空测报灯各诱到 1 头，9 月 13 日，性诱捕器诱到 1 头。发现虫情后，延庆区植物保护站立即组织人员对周边及"长城防线"区域进行排查，普查面积 5 000 亩，田间未查到卵、幼虫及为害状。

2. 卵、幼虫、蛹监测普查工作

在玉米等作物生长期，选择 10 个有代表性的地块，每周开展一次田间卵、幼虫、蛹普查，及时掌握情况。由于延庆区都是春播玉米，7 月中下旬已经进入孕穗期，根据草地贪夜蛾喜食幼嫩玉米的习性，田间未发现草地贪夜蛾为害。

（三）做好防治药剂储备及防控处置

延庆区植物保护站提前做好农药、药械等防控物资和人员准备，一旦发现虫情，各乡镇、村和 2 家植保专防组织将在延庆区种植业服务中心及延庆区植物保护站专业技术人员的指导下即刻进行防控。

由于资金未到位，防控药剂仍用 2019 年储存的应急药剂，包括：乙基多杀菌素、高效氯氟氰菊酯、苏云金杆菌、氯虫苯甲酰胺、甲维·虫螨脲。

（四）草地贪夜蛾"长城防线"布防工作

根据《北京市农业农村局关于推进落实草地贪夜蛾"长城防线"布防任务的通知》要求，延庆区植物保护站及时将布防任务分解落实到乡镇，安排专人跟踪记录设备运行情况和应用效果，及时报送虫情信息，全力开展监测防控工作。

（1）开启 10 台高空测报灯，八达岭、康庄、大榆树、井庄、永宁、刘斌堡、香营、旧县、张山营和延庆镇各 1 台，利用 3 台自动虫情测报灯进行成虫系统监测。

（2）延庆区植物保护站组织相关厂家安装 5 000 套性诱捕器，地点在旧县镇的北张庄、三里庄和常里营，并协调两名技术人员协助开展成虫性诱监测工作。

（3）做好应急物资储备，延庆区植物保护站储备了高效、低毒、低残留的生物农药和化学农药 1 950 千克，一旦发现虫情，立即组织开展应急防控。

四、资金使用情况

按照草地贪夜蛾防控工作方案，2020 年申请监测防控资金 84.24 万元，因其他原因资金未到位。高空测报灯和性诱监测共计支出 7.32 万元，使用 2019 年草地贪夜蛾监测防控项目结余资金。

五、2021 年监测防控工作计划

（一）计划申请草地贪夜蛾监测防控项目资金 85 万元

主要包括：高空测报灯、自动虫情测报灯、性诱监测点运行维护，专业化统防统治，宣传培训等工作。

（二）加强监测、宣传培训力度

由于草地贪夜蛾属于新发害虫，加强监测技术人员对草地贪夜蛾的识别、监测和防控技术培训极其重要。延庆区植物保护站通过微信、简报、电视和发放明白纸等形式，宣传普及草地贪夜蛾的识别特征、监测方法和防控知识，充分发挥基层群众力量，做到群防群治。

延庆区植物保护站

2020 年 11 月 25 日

2020 年大兴区草地贪夜蛾监测防控工作总结

按照北京市植物保护站关于草地贪夜蛾监测防控工作要求，大兴区植保植检站完成大兴区草地贪夜蛾监测、防控和相关试验工作，总结如下。

一、制定监测防控方案

按照北京市植物保护站关于草地贪夜蛾监测防控工作要求，及时制定《大兴区草地贪夜蛾监测防控工作方案》，指导大兴区草地贪夜蛾监测防控工作。

二、监测点设立及培训情况

大兴区设立草地贪夜蛾区级监测点 10 个，设立村级监测点 222 个，布控性诱捕器 310 套，开展技术培训 12 次，培训 106 人次，发放技术宣传资料 2 500 份，区、镇两级共出动 11 250 人次开展田间调查，普查面积 56 250 亩次。

通过系统监测点调查和田间普查，大兴区未发现草地贪夜蛾成虫、卵、幼虫和为害状。

三、测报工具检修维护工作

2020 年 4 月，大兴区植保植检站检修和维护了 2019 年设置的 6 盏自动虫情测报灯和 50 盏太阳能杀虫灯，有故障及时联系供货厂家进行维修，确保草地贪夜蛾监测防控工作顺利进行。

四、虫情上报工作

（一）北京市发现虫情前

虫情实行一周两报制度，每周一、周四各乡镇将监测情况报到大兴区植保植检站，大兴区植保植检站技术人员汇总大兴区监测情况上报至北京市植物保护站。

（二）北京市发现虫情后

大兴区植保植检站按要求每天上报虫情，节假日不休息，虫情实行零报告制度，及时将草地贪夜蛾虫情发生动态及防控信息报送至北京市植物保护站测报科。大兴区植保植检站通过病虫监测防控微信群收集汇总虫情，监测过程中，镇级监测人员发现疑似虫情后，拍照片发给大兴区植保植检站技术人员，经识别鉴定确认虫情后上报北京市植物保护站；大兴区植保植检站不能识别的，找北京市级专家进行确认，或邀请北京市植物保护站专家现场指导确认，这种方式提高了大兴区草地贪夜蛾监测防控工作的效率。

五、草地贪夜蛾监测试验

按照北京市植物保护站测报科要求，在庞各庄镇西黑垡、长子营镇留民营和礼贤镇祁各庄安排了草地贪夜蛾性诱监测试验。

试验设 3 个系统监测点，分别位于大兴区长子营镇留民营村夏玉米田块，庞各庄镇西黑垡村夏播、晚播玉米田，礼贤镇田园鑫盛农业园区夏播玉米田。

试验材料：选用北京、宁波、深圳和山东 4 家草地贪夜蛾性诱监测设备。

试验结果：2020 年 8 月 17 日至 10 月底每个监测点设专人开展监测调查，3 个监测点均未诱捕到草地贪夜蛾成虫，礼贤镇和长子营镇性诱捕器均未诱捕到其他种类杂虫。

六、领导重视、技术人员层层落实

北京市植物保护站领导和专家 3 次到大兴区检查指导工作，对大兴区植保植检站开展的草地贪夜蛾监测普查工作给予肯定。区、镇两级技术人员层层落实《北京市 2020 年草地贪夜蛾防控预案》要求，加强大兴区草地贪夜蛾培训，监测与防控工作。

大兴区植保植检站

2020 年 11 月 27 日

2020 年房山区草地贪夜蛾监测防控工作总结

2020 年房山区按照农业农村部提出的"全面监测、全力扑杀、分区施策、联防联控"的要求，加强草地贪夜蛾监测预报，适时启动"三道防线"，抓住关键防控时期、关键技术，大力推进统防统治，最大限度降低危害损失。

一、草地贪夜蛾监测防线布控

在房山区种植玉米和小麦密集的乡镇，即大石窝、周口店、窦店、琉璃河、韩村河、城关、石楼、阎村，设立 12 个虫情系统监测点。2020 年 3—4 月，及时检修监测点自动虫情测报灯 12 台、太阳能杀虫灯 42 台。房山区 21 个粮食种植乡镇均悬挂性诱捕器，共布设 1 322 套性诱捕器，购置草地贪夜蛾性诱芯 7 935 枚，全年共使用 6 个月，此批性诱监测设备覆盖面积达 1 322 亩次。

二、加强虫情报送制度

2020 年 5 月，要求房山区 12 个虫情系统监测点开启自动虫情测报灯进行监测，同时布控 16 个性诱监测点，按《北京市植物保护站关于做好 2020 年草地贪夜蛾等重大病虫害监测与防控信息上报的通知》要求，自 5 月 11 日开始启动监测信息一周两报工作，8 月 21 日，启动监测信息日报工作，截至 11 月 3 日，房山区未发现草地贪夜蛾虫情。

三、防治药剂药械储备

对于玉米种植密集乡镇、村，购置应急防控药剂 45% 甲维·虱螨脲 35 千克，每生长季施药 2 次，能用于 5 000 亩的应急防控工作，可确保达标面积应防尽防，减少玉米生产不必要的损失。

针对玉米生长后期，防控难度大等特殊情况，房山区遴选 2 支植保专业防控队伍，并协调区农业机械技术推广站准备植保无人机 2 架，一旦发生虫情，可立即开展应急防控。

四、北京市植物保护站物资支持

2020 年 4—5 月，北京市植物保护站给予物资支持，发放草地贪夜蛾性诱捕器 200 套，可用于 200 亩成虫监测，2% 甲氨基阿维菌素苯甲酸盐 16 千克，5% 虱螨脲 16 千克，可用于 720 亩的应急防控工作。

五、加强技术培训与宣传

2020 年新冠肺炎疫情防控期间，为了各级技术人员能正确识别草地贪夜蛾，房山区植物疫病预防控制中心开展网络培训，将草地贪夜蛾识别及防治、科学用药宣传明白纸，下发给各村农业科技员、农药经营门店、监测点监测人员，培训 680 余人次，让基层干部群众了解害虫的发生为害习性、防治基本知识，增强可防可控信心。

六、加强田间普查与督导检查

自 2020 年 5 月开始，房山区植物疫病预防控制中心组织基层测报技术人员开展田间普查工作，截至 11 月 3 日，房山区共出动 1 358 人次开展田间调查，普查面积 5.7 万亩次，田间未发现卵、幼虫及为害状。每周对监测点进行两次抽查，检查是否及时查看诱虫情况，是否按时更换性诱芯等，确保虫情及时准确。

七、房山区财政资金支持

2020 年，房山区财政配套专项资金支持共计 23.59 万元，其中，12 个虫情系统监测点费用 6 万元，购置应急防控药剂 45% 甲维·虱螨脲 4.9 万元，草地贪夜蛾性诱监测设备 12.69 万元。

八、2021年防控工作计划

2021年，房山区将继续认真开展草地贪夜蛾、草地螟、黏虫等重大迁飞性害虫监测防控工作。

（1）申报2021年草地贪夜蛾、草地螟、黏虫等重大迁飞性害虫防控药剂购置费4.9万元，购买甲维·虱螨脲35千克。

（2）2021年5—10月，继续悬挂草地贪夜蛾性诱捕器进行成虫监测，申报购买桶形诱捕器400套，草地贪夜蛾性诱芯2 400枚。

（3）2021年，房山区将设立6个迁飞性害虫灯诱系统监测点，使用自动虫情测报灯进行成虫系统监测，每点雇专人开展虫情监测及信息上报等相关工作。

房山区植物疫病预防控制中心

2020年11月27日

2020 年怀柔区草地贪夜蛾监测防控工作总结

怀柔区植物保护站依托市、区两级主管部门支持，顺利完成 2020 年草地贪夜蛾等重大迁飞性害虫监测防控工作，现总结如下：

一、组织领导

在北京市怀柔区防治重大动植物疫情应急指挥部办公室领导下，成立防控工作领导小组，怀柔区农业农村局主管副局长任组长，负责组织协调；法规与应急管理科科长、怀柔区植物保护站站长任副组长，负责组织实施；小组成员为区植物保护站业务相关人员，负责监测与防控工作的具体实施。

二、监测防控工作内容

（一）虫情监测工作

1. 成虫系统监测

一是通过 5 个植物疫情监测点、10 个高空测报灯监测点共安排 15 名监测人员，应用自动虫情测报灯、高空测报灯、性诱监测设备，对辖区草地贪夜蛾成虫开展系统监测。全年共诱集成虫 5 头，8 月 25 日，在桥梓镇平义分村性诱监测点发现雄成虫 1 头；9 月 2 日，在桥梓镇平义分村性诱监测点发现雄成虫 3 头；10 月 13 日，在汤河口镇高空测报灯监测点发现雄成虫 1 头。二是依托农业农村部项目开展重点乡镇、重点地块虫情监测，在玉米田布放性诱捕器 650 个，8 月 25 日首次发现成虫，及时上报北京市植物保护站测报科，为研判草地贪夜蛾在北京发生趋势提供数据基础。

2. 幼虫普查

怀柔区植物保护站测报技术人员每周开展一次田间幼虫普查，选取玉米、高粱、谷子等有代表性的大田作物地块开展调查，累计调查 4 800 余亩次，田间未发现草地贪夜蛾卵、幼虫及为害状，区植物保护站按要求将虫情信息报送至北京市植物保护站。

（二）应急防控工作

1. 构建"长城防线"

一是继续沿用 2019 年"三道防线"的 10 台高空测报灯阻截监测带及北部 105 台太阳能杀虫灯防控带，有效防控北部山区喇叭沟门乡、长哨营乡、宝山镇虫情危害，防控覆盖面积 5 000 亩。二是依托草地贪夜蛾"长城防线"布防项目，在怀柔区南部杨宋镇、桥梓镇 5 000 亩夏玉米田布控 5 000 套性诱捕器，通过诱杀草地贪夜蛾成虫，降低成虫虫口密度及田间落卵量，减少幼虫发生为害几率。

2. 做好应急防控准备

一是应急药剂储备。在区植物保护站储备草地贪夜蛾防控药剂 350 千克，包括苏云金杆菌、氯虫苯甲酰胺、甲维·虱螨脲、高效氯氟氰菊酯等，可防治面积达 1 000 亩。二是遴选应急专防队伍。遴选辖区内植保专业化统防统治组织，将 2 台旋翼无人施药机、1 台风送式果林喷雾机、20 台背负式静电喷雾器作为应急防控药械储备，如发生幼虫为害，可立即响应，紧急启动应急防控措施。

三、下一步工作计划

（1）加强巡查，对辖区高空测报灯、太阳能杀虫灯等设备做好维护保存工作。

（2）加强性诱、灯诱监测点监测人员测报技术培训工作，提高监测人员监测防控技术水平。

（3）加强应急防控储备，保证应急防治用药库存，做好性诱监测设备保存工作。

怀柔区植物保护站

2020 年 11 月 25 日

2020 年海淀区草地贪夜蛾监测防控工作总结

海淀区在 5 个乡镇设立草地贪夜蛾监测点 65 个，其中，西北旺镇 7 个，温泉镇 6 个，上庄镇 24 个，四季青镇 14 个，苏家坨镇 14 个。各监测点实施专人负责定时上报虫情制度。2020 年，海淀区种植的禾本科农作物主要有玉米和水稻，其中，玉米种植面积 3 280 亩，水稻种植面积 2 000 亩。现将 2020 年度海淀区草地贪夜蛾监测防控工作总结如下。

一、各部门领导高度重视

虽然海淀区农业种植规模较小，但是在草地贪夜蛾的监测与防控上，各个部门认真落实，形成了主管副区长、海淀区农业农村局、海淀区植保部门、各乡镇农业服务中心、草地贪夜蛾监测点五级联动监测防控体系。主管副区长两次召开草地贪夜蛾防治部署会，海淀区农业农村局两次组织部署培训会，海淀区植保部门在草地贪夜蛾监测工作中起着承上启下的关键作用。

二、草地贪夜蛾监测工作

（一）草地贪夜蛾监测防控准备

1. 宣传培训

为切实做好草地贪夜蛾监测防控工作，海淀区植保部门先后组织 5 个乡镇农业服务中心相关责任人、监测点责任人通过现场培训、视频会议培训共计 4 次，培训 113 人次，发放草地贪夜蛾识别防控技术宣传材料 500 余份。

2. 维修维护太阳能杀虫灯

海淀区现安装太阳能杀虫灯 80 台，针对太阳能板丢失、灯管不亮等现象，海淀区植保部门会同厂家进行逐一维修更换，总计维修 11 台，确保每台杀虫灯在监测期间正常工作。

3. 性诱捕器性诱芯布放

海淀区 65 个草地贪夜蛾监测点，共布设 570 套性诱捕器，购买并定期更换性诱芯，为全面开展草地贪夜蛾成虫监测奠定基础。

4. 增加自动监测设备

为充分发挥海淀区的信息科技优势，降低植保人员工作强度，海淀区植保部门购置了一台远程自动虫情测报灯，通过手机端就能获知每天诱集到的虫子种类及数量，并能通过照片判断害虫的种类。

5. 维修植物检疫监测点

为更好地全面监测草地贪夜蛾迁入虫情，海淀区植保部门维修植物疫情监测点一个，使自动虫情测报灯正常工作，也起到了对草地贪夜蛾的监测作用。

（二）草地贪夜蛾监测防控工作开展情况

1. 合理分工，细化草地贪夜蛾监测工作

2020 年 8 月 19 日，在北京市顺义区诱捕到本年度第 1 头草地贪夜蛾成虫后，海淀区植保部门高度重视，进一步细化了草地贪夜蛾的监测布控工作，主要做了以下几方面工作：一是植保技术人员分区、分片对禾本科农作物种植区进行监测管理，及时抽调人员，两人一组，每天分别巡访、检查 65 个监测点的工作落实情况；二是加大性诱捕器的布控密度，在玉米集中种植区域增设 160 套性诱捕器，加密布控性诱监测点，海淀区草地贪夜蛾性诱捕器布控总数达 730 套；三是及时把成虫识别照片发到相关监测点责任人手机中，便于准确识别，及时上报。在巡查中，植保技术人员还带着成虫标本，给监测点人员现场讲解辨识方法；四是与北京市植物保护站测报科保持密切联系，及时沟通互换相关信息，上报虫情，动态掌握草地贪夜蛾在海淀区的发生情况。8 月 19 日之前虫情信息实行一周两报制，8 月 19 日之后实行日报制，每日上报草地贪夜蛾

监测情况；五是备好防控药械、药剂，防控药剂为甲氨基阿维菌素、虱螨脲、四氯虫酰胺 3 种药剂。一旦监测到虫情，迅速通过植保专业化统防统治公司进行应急防控；六是在草地贪夜蛾监测过程中，积极探索生物防治方法，7 月 20 日，海淀区投放 1 155 卡赤眼蜂卵卡，对草地贪夜蛾等鳞翅目害虫进行生物防控。

2. 发现虫情，迅速采取防治措施

经过持续监测，2020 年 9 月 14 日，海淀区植保部门在对中国农业大学上庄实验基地玉米田的例行普查中，发现了草地贪夜蛾的为害状，随后发现了 7 头幼虫，最后经市、区两级植保专家确定为草地贪夜蛾幼虫，虫龄为 2—3 龄。虫情确认后，海淀区植保部门立即组织中国农业大学上庄实验基地人员对适生田开展防控，对 2 亩玉米自生苗田进行旋耕灭除，并对周边 50 亩范围施用四氯虫酰胺进行药剂防治，并迅速组织技术人员对周边 1 000 亩地开展虫情普查。

9 月 20 日，在海淀区中国农业大学上庄实验基地性诱监测点诱捕到 3 头草地贪夜蛾成虫。海淀区植保部门迅速启动应急防控方案，一是备好药剂、药械，二是组织人员对该基地内 1 240 亩地块进行全面普查，针对草地贪夜蛾幼虫为害有趋嫩的特性，立即对基地玉米自生苗田及其周边杂草进行旋耕或拔除，并对周边的西辛力屯村、梅所屯村的布控点进行巡查。

2020 年，海淀辖区内共捕捉到幼虫 7 头（9 月 14 日）、成虫 3 头（9 月 20 日）。

3. 加大监测力度，及时召开现场培训

9 月 16 日，为切实提高 65 个监测点监测人员的识别能力，加强监测预警力度，海淀区农业农村局在上庄翠湖农业观光园和中国农业大学上庄实验基地开展市 – 区 – 镇三级草地贪夜蛾联合现场培训会。在现场培训中，市、区两级植保专家向大家详细讲解了性诱捕器和杀虫灯的诱杀原理及设置方法，让监测技术人员掌握各种监测防控设备的使用注意事项，确保发挥最佳防控效果。现场调查，田间未发现草地贪夜蛾成虫、幼虫及为害状。随后在中国农业大学上庄实验基地会议室召开培训会，北京市植物保护站专家为大家系统讲解了草地贪夜蛾的发生规律、生物学特性、识别特征和防控策略，充分肯定了海淀区的监测和防控工作，并对下一步工作给出合理建议。

（三）草地贪夜蛾监测防控工作总结

紧张的草地贪夜蛾监测防控工作虽然暂时告一段落，在海淀辖区内也发现了成虫及幼虫，并采取了相应的防治措施，但是关于迁飞害虫的扩散和迁飞规律、辖区内的农业气象学等知识还应该更加完善充实，同时，加强与北京市市级植保专家的交流学习，以便更好地做好草地贪夜蛾等重大迁飞性害虫的监测防控工作。

三、关于测报工作的一点想法

（1）不是从数量上控制害虫，而是从防控的质量入手，综合考虑"生态优先，安全优先，生物安全"。

（2）吸取全国防控的先进经验，建立一种区域性综合防控和可持续治理模式，带动引领全国害虫综合防控模式的转变。

（3）生物防治措施在后续防控中将起到重要作用，整合海淀农业科技优势，开发高效的昆虫信息素诱导技术。

（4）北京市在全国草地贪夜蛾防控工作中的定位应该是：保障首都生物安全和生态安全，确保重大活动不受影响，防控阻截草地贪夜蛾进一步入侵东北玉米主产区。

海淀区农业执法大队

2020 年 12 月 1 日

2020 年朝阳区草地贪夜蛾监测防控工作总结

为贯彻落实中央一号文件及《2020 年全国粮食作物春耕春管技术意见》的文件精神，在做好新冠肺炎疫情防控的同时，按照"早谋划、早预警、早准备、早防治"的要求，坚决遏制草地贪夜蛾大面积成灾，避免对朝阳区农业生产造成不利影响。朝阳区植物保护检疫站对草地贪夜蛾防控工作高度重视，根据草地贪夜蛾的发生态势和为害特点，做到了提早防、联合防、全域防、综合防、长期防，圆满地完成了草地贪夜蛾防控工作任务。下面就有关朝阳区草地贪夜蛾监测防控工作总结汇报如下。

一、制定监测防控技术方案

按照全国农业技术推广服务中心《2020 年全国粮食作物春耕春管技术意见》的文件精神，在做好新冠肺炎疫情防控的同时，按照"早谋划、早预警、早准备、早防治"的要求，坚决遏制草地贪夜蛾大面积成灾，避免对朝阳区农业生产造成不利影响。根据朝阳区农业生产实际情况，为实现"两个确保"，即确保虫口密度达标区域应防尽防，确保不大面积成灾。防控处置率 90% 以上，总体危害损失控制在 5% 以内的防控指标。2020 年 4 月 29 日，朝阳区植物保护检疫站制定印发了《2020 年朝阳区草地贪夜蛾监测与防控技术方案》。

二、积极参加各种技术培训

朝阳区植物保护检疫站监测技术人员积极参加 2020 年 9 月 8 日主管副市长主持召开的全市草地贪夜蛾防控工作调度会，以及 9 月 29 日北京市植物保护站组织召开的全市草地贪夜蛾监测及防控技术视频培训会，通过学习使朝阳区 20 余名监测人员认识到防控草地贪夜蛾的重要性，熟悉了草地贪夜蛾幼虫、成虫形态特征及为害特点。掌握了科学用药防控知识及监测实用技术，为朝阳区草地贪夜蛾监测防控工作打下了坚实基础。

三、争取财政资金支持早做准备

2020年，朝阳区争取财政资金25.17万元用于草地贪夜蛾监测防控，为全力做好朝阳区草地贪夜蛾防控工作，减少农作物危害损失，降低危害影响，按照"早谋划、早预警、早准备、早防治"的要求，朝阳区于3月初购买甲氨基阿维菌素、核型多角体病毒各100千克，高效节能静电喷雾器52台，草地贪夜蛾性诱捕器180套，杀虫灯116盏。朝阳区植物保护检疫站及19个乡综合服务中心克服新冠肺炎疫情造成的不利影响，于5月27日完成了性诱捕器、杀虫灯的安装并投入使用。为全面监测、全力扑杀，做好"三道防线"核心区防控，夺取全年草地贪夜蛾防控工作的胜利，实现"两个确保"奠定物资保障。

四、坚决贯彻落实北京市农业农村局关于草地贪夜蛾防控的指示精神

8月下旬，北京市顺义区、密云区相继确认发现草地贪夜蛾成虫，北京市农业农村局下发了《关于加强草地贪夜蛾监测防控工作的紧急通知》。为了贯彻落实文件精神，切实做好草地贪夜蛾的监测防控工作，保障朝阳区农业生产生态安全，8月21日，朝阳区植物保护检疫站向各乡下发了《朝阳区加强草地贪夜蛾监测防控的通知》，并召开了"2020年朝阳区草地贪夜蛾防控工作会"，9个重点乡农业服务中心负责人参加了会议。邀请全国农业技术推广服务中心测报处刘杰老师介绍了我国2020年草地贪夜蛾的防控形势，讲解了北京市草地贪夜蛾的发生趋势及防控技术措施。黄志坚副站长结合朝阳区农业生产情况布置了草地贪夜蛾监测与防控工作，要求各乡要加大监测力度，实行虫情日报和零报告制度，力争早发现、早处置，统筹利用好现有的杀虫灯、性诱捕器等，充分发挥其监测、阻截、诱杀作用，一旦发现草地贪夜蛾成虫，发生区域要做好药剂防控。此次会

议的召开为朝阳区开展草地贪夜蛾的防控工作提供了指导。

五、为全力做好朝阳区草地贪夜蛾防控工作进行再动员、再部署

为切实做好草地贪夜蛾的监测防控工作，朝阳区进行了再动员、再部署，朝阳区植物保护检疫站于 9 月 4 日召开了"2020 年朝阳区草地贪夜蛾监测防控工作会"。19 个乡及各生产园区 50 余人参加了会议，邀请北京市植物保护站测报科谢爱婷科长讲解了草地贪夜蛾发生趋势，培训了草地贪夜蛾的生物学习性、形态特征、为害状及监测防控技术等相关知识，进一步布置了防控工作。

六、草地贪夜蛾的监测与防控

朝阳区在金盏、黑庄户、崔各庄等乡设置监测点 26 个，共布控杀虫灯 184 盏，性诱捕器 418 套，于 5 月初开始监测，每周上报 2 次监测情况，2020 年 8 月 21 日起，各乡实行虫情日报制和零报告制度。5 月至 10 月，朝阳区植物保护检疫站召开草地贪夜蛾技术培训 4 次，培训 120 人次，共出动人员 1 350 人次，累计普查玉米等作物面积 8 850 亩次。加强草地贪夜蛾监测点巡查，同时，做好田间草地贪夜蛾卵、幼虫普查，督促朝阳区玉米种植地、蔬菜园区及郊野公园等单位全部利用低毒、低残留药剂预防草地贪夜蛾，防控面积近 3 000 亩，有效地控制了草地贪夜蛾在朝阳区的发生与为害。

确保区不漏乡、乡不漏村、村不漏田，力争早发现、早处置，严格虫情报告制度，防止漏查漏报贻误防治时机。充分发挥杀虫灯、性诱捕器的阻截、诱杀作用，完成了农药、器械等防控物资发放，做到治早、治小，坚决遏制草地贪夜蛾发生、蔓延与为害。加强舆情引导和监控，增强群众可防可控信心。加强督导检查和指导服务，根据实际情况及时提出针对性措施。推广普及科学防控技术和安全用药知识。坚决做好朝阳核心防控区草地贪夜蛾的防控工作。10 月 31 日关闭杀虫灯，草地贪夜蛾防控工作圆

满结束，2020年，朝阳区未发现草地贪夜蛾虫情。

七、强化保障、宣传引导

朝阳区植物保护检疫站组织防控专家开展巡回指导和技术培训。各乡加强了技术培训，发挥农业科技人员作用，组织专业技术人员进村入户到田，包乡包村包片负责，开展监测调查，指导科学防控。加强舆情引导和监控，正确引导舆论，消除社会恐慌。充分运用电视、微信、网络等媒体，及时宣传防控经验和做法。组织专家开展科普讲座，发放识别挂图和防治手册200份，增强群众可防可控信心。9月中旬，朝阳区植物保护检疫站在种养中心公众号上发布草地贪夜蛾防控信息一篇，既宣传了草地贪夜蛾防控知识，又使广大市民了解朝阳区植物保护检疫站的工作性质，达到了宣传培训的目的。

综上所述，朝阳区植物保护检疫站工作人员政治站位高，大局意识强，充分认识做好草地贪夜蛾防控的极端重要性和紧迫性，以高度的责任感、强烈的紧迫感，攻坚克难，敢于担当，确保了朝阳区不发生大面积危害成灾、确保不造成重大社会影响，做好了核心区草地贪夜蛾防控，圆满完成2020年草地贪夜蛾防控任务。

朝阳区植物保护检疫站

2020年10月25日

2020 年丰台区草地贪夜蛾监测防控工作总结

草地贪夜蛾是一种严重为害玉米等农作物的重大迁飞性害虫，2019 年 1 月首次入侵我国，给我国粮食生产安全带来重大威胁。面对严峻形势，丰台区植保植检站高度重视，积极部署，严格按照草地贪夜蛾防控有关会议和文件精神，扎实开展草地贪夜蛾防控工作，加强虫情监测及信息上报工作。现将工作开展情况总结如下。

一、高度重视，部署工作

丰台区植保植检站高度重视草地贪夜蛾监测与防控工作。根据专家预测并结合丰台区实际，于 2020 年 3 月制定并下发《丰台区 2020 年草地贪夜蛾监测与防控工作方案》，对丰台区全年的草地贪夜蛾防控工作进行整体布局，督导落实各项措施，做到科学防控。

2020 年 8 月下旬，草地贪夜蛾已陆续在北京市顺义、密云等区发生，为了进一步做好丰台区草地贪夜蛾监测防控工作，丰台区植保植检站先后下发《关于加强草地贪夜蛾等重大迁飞性害虫监测的通知》《关于召开草地贪夜蛾防控工作会的通知》，组织各乡镇负责人，园区技术骨干，植物疫情监测点区级兼职检疫员等人员进行技术培训，丰台区农业农村局领导对草地贪夜蛾监测防控工作进行再强调、再部署，并将相关情况向丰台区领导汇报，深入落实草地贪夜蛾监测防控工作。

二、全面动员，加强宣传培训

丰台区植保植检站技术人员积极参加北京市植物保护站组织的各项培训，同时，组织丰台区防控成员单位参与，强化草地贪夜蛾识别与监测技术的学习，确保防控工作高效开展。此外，植保技术人员结合丰台区玉米种植情况，对玉米种植大户和生产园区技术员进行草地贪夜蛾识别与防控知识宣传培训，强调监测防控工作的重要性，让技术人员做到会查、会认，提高防控意识。累计培训技术人员103人次，发放《草地贪夜蛾识别与防控》《草地贪夜蛾防控技术挂图》等宣传材料共170份。

三、科学布控，准确监测

（一）设立系统监测点

按照《丰台区2020年草地贪夜蛾监测与防控工作方案》，结合丰台区生产结构布局，选取了6个监测点作为草地贪夜蛾性诱监测点。2020年4月初，植保技术人员组织对2019年安装的40台太阳能杀虫灯进行了维修、维护，提前做好防控准备工作。5月，对6个监测点进行性诱监测设备布控，安装12套性诱捕器。8月，面对草地贪夜蛾高发风险，增加布控24套性诱捕器，对前期安装的性诱捕器全面更换性诱芯。8月下旬，北京市发现草地贪夜蛾虫情后，进一步加强成虫监测，增设27套性诱捕器，全年累计布控草地贪夜蛾性诱捕器63套。

（二）及时有效上报信息

各监测防控点严格按照《丰台区2020年草地贪夜蛾监测与防控工作方案》安排工作，明确专人负责监测防控点的巡查，负责性诱捕器诱捕成虫情况的检查，并将数据及时准确上报丰台区植保植检站相关人员，为科学防治提供依据。

四、落实物资保障

为切实做好防控工作，坚决遏制草地贪夜蛾在丰台区发生、蔓延与为害，丰台区植保植检站参照农业农村部推荐的草地贪夜蛾应急防治用药名单，于8月初提前做好防治药剂应急储备工作，累计储备应急防治药剂280千克，静电施药设备30套，累计投入资金4.25万元。力争做到及时控制虫害，降低经济损失。

五、监测防控情况

丰台区玉米种植面积约 700 亩，草地贪夜蛾监测防控工作从始至终严格按照《丰台区 2020 年草地贪夜蛾监测与防控工作方案》开展工作，丰台区植保植检站技术人员按照方案要求进行了性诱捕器布控、普查、田间调查、宣传培训等工作，累计出动 244 人次，完成了 2 600 余亩次的田间普查。

2020 年 9 月 22 日，植保技术人员在丰台区农作物品种试验基地玉米田发现疑似草地贪夜蛾成虫，在监测点玉米自生苗上发现疑似草地贪夜蛾幼虫，立即上报北京市植物保护站，经北京市植物保护站及丰台区植保植检站专家共同确认为草地贪夜蛾成虫和幼虫。此次共诱捕到草地贪夜蛾成虫 3 头，发现幼虫 8 头，虫龄为 1—3 龄。

虫情发生后，丰台区农业农村局和丰台区植保植检站立即组织开展应急防治。一是对玉米自生幼苗和周边杂草进行人工拔除；二是向虫情发生园区下拨农药 2 种，共 10 千克，并委托植保专业化统防统治队伍对幼虫适生区域进行药剂防治 3 次，累计防治面积 36 亩次；三是在幼虫发生区域周边进行普查，累计普查面积 300 亩，未再发现草地贪夜蛾成虫、卵、幼虫及为害状。

丰台区植保植检站

2020 年 11 月 23 日

2020 年门头沟区草地贪夜蛾监测防控工作总结

　　门头沟区草地贪夜蛾监测防控工作按照北京市农业农村局工作要求，制定了《门头沟区 2020 年草地贪夜蛾监测防控实施方案》并下发各镇落实。门头沟区目前共设有 11 个草地贪夜蛾性诱监测点，安装自动虫情测报灯 9 台，太阳能杀虫灯 96 台，布控性诱捕器 103 套，发放性诱芯 230 枚，防控药剂 3 箱。

　　草地贪夜蛾监测工作主要以玉米产区为监测重点。安排每个村的全科农林技术员定期调查草地贪夜蛾性诱捕器诱集成虫情况，密切监测草地贪夜蛾发生发展动态，建立虫情信息报告制度，一旦发现疑似虫情和田间为害状立即向镇、区植保部门报告。各镇、村监测人员不间断地开展田间调查，密切监测田间幼虫发生动态，各监测点定点、定人、定责，每日将监测结果上报到门头沟区植保部门，门头沟区植保部门每日汇总虫情上报至北京市植物保护站。按北京市植物保护站相关要求，自 2020 年 5 月初开始，实行虫情一周两报制，8 月下旬开始，加大加密草地贪夜蛾监测力度，实施虫情日报制，截至 10 月底，累计上报草地贪夜蛾监测防控信息 69 期。根据 2020 年草地贪夜蛾发生发展趋势，结合门头沟区实际情况，组织培训扩大宣传，共组织宣传培训 8 次，累计培训 51 人次，发放技术资料 585 份，组织田间调查 30 余人次，普查面积约 700 亩。门头沟区农业农村局技术人员不定期组织田间巡查，进一步强化虫情监测。通过田间幼虫及为害状调查，及时掌握发生动态，采取专业测报与群众测报相结合的方式，密切监测门头沟区草地贪夜蛾等重大迁飞性害虫发生情况，2020 年，门头沟区未发现草地贪夜蛾成虫、卵、幼虫及为害状。

　　在完成 2020 年监测任务以后，门头沟区植保部门组织各镇及村级监测点及时维护好自动虫情测报灯和太阳能杀虫灯，回收整理性诱捕器等监测设备，利用微信工作群下发自动虫情测报灯、太阳能杀虫灯的保养维护知识，以便 2021 年更好地开展草地贪夜蛾监测防控工作。

门头沟区农业综合服务中心

2020 年 11 月 26 日

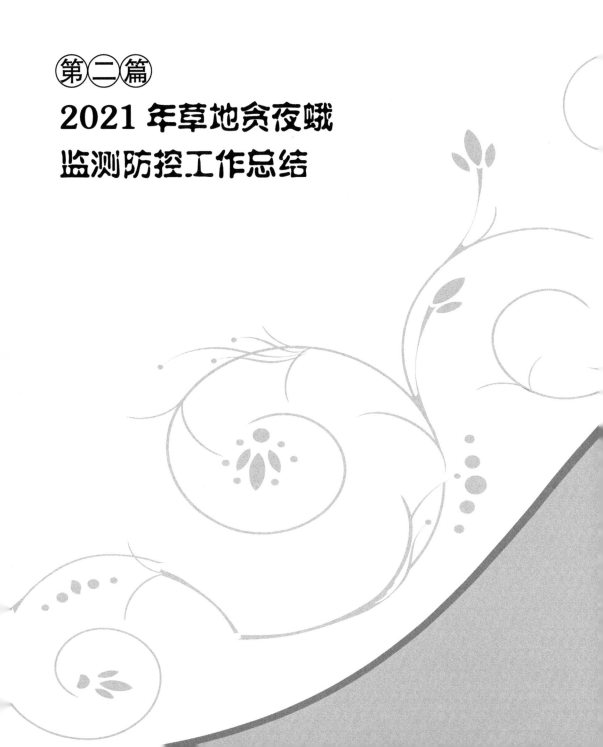

第二篇

2021 年草地贪夜蛾监测防控工作总结

2021 年北京市草地贪夜蛾监测防控工作总结

根据中央一号文件及农业农村部《2021 年全国"虫口夺粮"保丰收行动方案》精神，按照北京市领导关于做好草地贪夜蛾监测防控工作的有关批示，北京市植物保护站精心谋划部署，组织 13 个区植保部门认真落实《2021 年草地贪夜蛾监测防控工作方案》，开展草地贪夜蛾监测、阻截、防控与信息上报等各项工作，圆满完成了 2021 年北京市草地贪夜蛾监测防控任务，北京市草地贪夜蛾得到有效控制，未造成扩散蔓延。

一、北京市草地贪夜蛾发生防控情况

2021 年，北京市草地贪夜蛾总体发生特点是迁入虫量少、分布不均、峰期不明显，幼虫为害轻。8 月 24 日，北京市首先在平谷区峪口镇峪口村性诱监测点发现 1 头草地贪夜蛾成虫，比 2019 年早 5 天，比 2020 年晚 5 天。截至 10 月 31 日，北京市平谷、海淀、顺义、通州、昌平、房山、丰台、朝阳、密云、延庆、大兴共 11 个区确认发现草地贪夜蛾成虫，累计诱蛾 93 头，其中雌成虫 2 头。9 月 14 日，在北京市密云区河南寨镇平头村发现幼虫，比 2020 年晚 5 天，截至 10 月 31 日，密云、昌平、海淀共 3 个区确认发现草地贪夜蛾幼虫，累计虫量 12 头（表 2）。

表 2　2019—2021 年北京市草地贪夜蛾发生情况汇总

年份	成虫发生区（个）	成虫首发时间	成虫数量合计（头）	幼虫发生区（个）	幼虫首发时间	幼虫数量合计（头）
2019 年	10	8 月 29 日	620	0	/	0
2020 年	9	8 月 19 日	81	5	9 月 9 日	66
2021 年	11	8 月 24 日	93	3	9 月 14 日	12

按照"早谋划、早预警、早准备、早防治"的防控策略，市、区植

保部门采取有效措施，提前部署，加强防控，全面落实"三道防线""长城防线"布防任务，防控成效显著。一是有效阻截了草地贪夜蛾迁入和继续北迁，减少了北京市迁入虫量，降低了东北玉米主产区草地贪夜蛾的发生风险。二是及时组织3个幼虫发生区开展防控，防控面积5 885亩（其中，生物防治面积5 340亩），防治效果100%，幼虫未发生扩散与蔓延。三是开展区域联防联控，有效减少回迁成虫数量。

二、主要工作做法

（一）加强组织领导，压实主体责任

根据2021年草地贪夜蛾在全国的发生态势，北京市农业农村局按照《2021年全国"虫口夺粮"保丰收行动方案》要求，制定印发了《2021年北京市"虫口夺粮"保丰收行动方案》，北京市植物保护站印发《北京市2021年草地贪夜蛾防控预案》，多次召开全市监测防控工作部署会议，明确目标任务，强化属地责任，在秋粮生产关键时期，对草地贪夜蛾防控工作进行再动员、再部署、再落实，为落实各项防控工作任务提供了组织保障，奠定了坚实基础。

（二）加强虫情监测，严格落实虫情上报制度

一是科学研判，指导监测防控。针对全国、北京市及周边省份草地贪夜蛾发展态势，先后邀请全国农业技术推广服务中心、中国农业科学院植物保护研究所多位专家对北京市草地贪夜蛾入侵风险及发生为害趋势进行分析研判，提出监测防控工作指导意见，"北京市应重点关注晚播鲜食玉米、自生玉米苗的发生情况，做好应急防控，防止形成大规模的回迁种群"。二是落实"三道防线""长城防线"布防任务，全年开启高空测报灯82台、自动虫情测报灯79台、太阳能杀虫灯1 550台，布控性诱监测点1 412个、安装性诱捕器7 845套，从2021年5月初至10月底，开展成虫逐日监测，历时183天。三是加大普查力度。组织13个区开展田间幼

虫普查，共出动人员 19 230 人次，普查面积 16.35 万亩次。四是开展京、津、冀、蒙、辽 5 省（区、市）区域联合监测。及时通过信息交流群，沟通共享虫情信息。五是严格落实信息上报制度。市、区植保部门明确专人负责虫情信息上报工作，5 月初启动一周两报制，从首次见虫后，启动虫情日报制，编写《北京市草地贪夜蛾虫情快报》34 期，虫情专报 2 期。

（三）广泛开展技术培训指导，加强宣传引导

一是加强培训，组织全市技术人员和种植户开展草地贪夜蛾识别诊断、监测防控技术的培训，提高识别能力和防控水平，据统计，市、区共开展草地贪夜蛾监测防控技术培训 40 期，培训人数 904 人次，发放宣传彩页、手册 21 895 份。二是加强督导检查力度，对 13 个区草地贪夜蛾防控预案落实情况进行检查，实地查看"三道防线"设备运转情况，指导各区落实各项防控措施。三是加强舆论宣传引导。认真答复市民关于疑似草地贪夜蛾的疑虑，在各种场合积极宣传草地贪夜蛾可防可控，正面引导舆论方向，全年未造成草地贪夜蛾舆情。

（四）科学制定防控对策，做好阻截防控工作

一是加强"三道防线"和"长城防线"布防工作。在 2019 年和 2020 年的基础上，巩固加强"两道防线"运行与维护，确保在关键时期发挥阻截作用。2021 年，累计诱杀草地螟、黏虫、小地老虎等迁飞性害虫约 55 万头。二是坚持"四结合"做好虫情监测，全面开展防控。"四结合"即空中监测与地面监测相结合，定点监测与普查相结合，灯诱与性诱相结合，京内与京外相结合，确保及时获取虫情信息，按照治早、治小、治了的防控策略全面开展防控。三是加强京、津、冀区域联防联控，联合开展趋势会商 1 次，联合应急演练 2 次，信息沟通 100 余次。四是做好草地贪夜蛾应急防控准备。针对植保专业化防控组织开展技术培训，同时，做好防控药剂储备工作。

三、下一步工作

（一）加强发生规律研究，科学指导防控

与科研院所加强合作，摸清北京市草地贪夜蛾发生规律，根据作物受害风险，因地制宜提出监测防控策略，在保证监测效果的同时，最大程度地减轻人力物力投入。

（二）做好工作总结与交流

一是组织各区开展草地贪夜蛾工作总结，认真梳理监测防控经验，为2022年度开展北京市草地贪夜蛾监测防控工作提供技术支撑。二是做好"三道防线"技术总结和京、津、冀、蒙、辽5省（区、市）联防联控技术交流，梳理存在问题，提出对策。

（三）做好谋划与准备

一是做好监测防控设备冬季的维护与保养，为2022年运行提供保障。二是及时关注全国草地贪夜蛾发生动态，认真研判北京地区发生趋势，提早做好谋划与准备。

北京市植物保护站

2021 年 10 月 30 日

2021 年昌平区草地贪夜蛾监测防控工作总结

　　草地贪夜蛾是影响全球粮食安全的重大迁飞性害虫，昌平区自 2019 年 8 月 29 日首次发现草地贪夜蛾成虫以来，每年均有发生，为做好 2021 年草地贪夜蛾监测和防控工作，昌平区植保植检站从以下几方面有序推进此项任务的完成，并取得了预期的防控效果，未对昌平区秋粮生产造成产量损失。现将本年度相关工作总结如下。

一、积极做好监测、防控各项准备工作

　　（1）制定了《昌平区 2021 年草地贪夜蛾监测与防控工作方案》，成立工作领导小组，统筹全区草地贪夜蛾监测防控工作。

　　（2）申请专项财政资金 31.09 万元，保障草地贪夜蛾监测与防控工作开展。

　　（3）做好应急防控药剂储备和施药机械的维修。组织 3 家植保专防组织购置、储备应急防控药剂共计 242 千克，部署 2 家农机服务组织和 3 家植保专防组织提前做好施药农机、器械的维修维护，保证虫情发生时能迅速投入相关设备，进行科学有效防控。

　　（4）积极维修购置监测设备，做好监测防控准备。

　　①联系虫情测报灯、太阳能杀虫灯维修厂家对辖区内 7 台自动虫情测报灯和 100 台太阳能杀虫灯进行专项维修维护。

　　②购买静电喷雾器 26 台，通用桶型性诱捕器 300 套，性诱芯 300 枚，做好监测防控准备。

　　（5）召开监测人员技术培训会 1 次，培训 30 人次，邀请市级专家为监测点人员进行草地贪夜蛾发生动态、为害特点、识别特征、防控要点等技术培训，发放草地贪夜蛾识别与防控技术宣传挂图 400 余份。

二、布设监测点，开展草地贪夜蛾成虫监测

昌平区布设性诱监测点 20 个，分布在兴寿、崔村、百善、小汤山、马池口、流村、阳坊、南口、十三陵、南邵 10 个主要涉农乡镇，每个监测点安装 5 套性诱捕器，从 2021 年 5 月 1 日至 10 月 31 日，持续开展成虫系统监测，每个监测点有专门责任人负责调查工作。

设置灯诱监测点 5 个，每个监测点设有 1 盏自动虫情测报灯，有专人负责调查工作。在调查的基础上，建立了草地贪夜蛾微信工作群，要求每个监测人员诱到虫子随时上报，每周按要求上报虫情，2021 年，共收到有效虫情信息 326 条，有 3 个监测点于 9 月 2 日至 10 月 11 日诱到成虫，共诱到成虫 7 头。

三、草地贪夜蛾幼虫为害调查

昌平区植保植检站技术人员组织 20 个监测点，于 8—10 月开展田间幼虫为害调查，共出动 692 人次，普查面积 9 500 亩，调查作物以玉米田为主，未在农作物上发现幼虫，仅 10 月 5 日在南邵镇姜屯村的一片自生玉米苗上发现了草地贪夜蛾幼虫 6 头，发生面积约 5 亩，被害株率为 6.7%，有虫株率 1.3%，虫龄为 2—3 龄。

四、草地贪夜蛾防控工作

（1）全年布设自助虫情测报灯 5 台，性诱捕器 300 套，太阳能杀虫灯 100 台，对草地贪夜蛾成虫进行监测诱杀。

（2）开展田间技术指导 70 人次。

（3）针对玉米自生苗上草地贪夜蛾幼虫的发生情况，昌平区植保植检站立即组织植保专业化防控组织开展应急防治，对玉米自生苗地块进行旋耕，拔除周边杂草，使用 2.5% 高效氯氟氢菊酯 +5.7% 甲氨基阿维菌素苯甲酸盐进行药剂防治，防治面积 5 亩，防治效果 100%。

昌平区植保植检站

2021 年 11 月 9 日

2021 年顺义区草地贪夜蛾监测防控工作总结

草地贪夜蛾是联合国粮食及农业组织全球预警的重大迁飞性害虫，2020 年顺义区累计诱捕成虫 9 头，未发现卵和幼虫，根据北京市植物保护站预测，2021 年草地贪夜蛾北迁时间提早，有集中为害的可能。为此顺义区领导高度重视，认真贯彻落实中央一号文件及《2021 年北京市"虫口夺粮"保丰收行动方案》《北京市 2021 年草地贪夜蛾防控预案》等文件精神，按照早谋划、早预警、早准备、早防治的要求，及早制定防控预案、成立领导小组、建立监测网、召开部署会、印制宣传彩页发放到户、发放防控药剂等，全面落实各项防控措施。2021 年，草地贪夜蛾未对顺义区秋粮生产造成危害。

一、领导重视及早谋划

根据 2021 年 3 月 2 日北京市农业农村局《2021 年北京市"虫口夺粮"保丰收行动方案》、4 月 20 日《北京市 2021 年草地贪夜蛾防控预案》精神，顺义区植保植检站及早制定《顺义区 2021 年草地贪夜蛾防控预案》上报相关部门，并于 4 月 23 日印发到各镇农业部门。顺义区财政局设立草地贪夜蛾防控专项资金 62.415 万元，为草地贪夜蛾防控工作的开展提供了有力保障。

二、早部署，早监测

顺义区成立草地贪夜蛾防控工作领导小组，办公室设在顺义区植保植检站，建立区、镇两级监测网，全面开展虫情监测。

（一）成立领导小组，明确职责

顺义区农业农村局负责总体防控工作协调与资金筹备，顺义区植保植检站负责区级虫情监测、技术培训与防控技术指导、物资采购与发放，各镇农业主管部门按照属地管理负责村级虫情监测、宣传、物资发放及组织实施。各部门密切配合全力做好草地贪夜蛾监测防控工作，坚决遏制草地贪夜蛾危害成灾，避免对顺义区粮食生产造成不利影响。

（二）建立区镇两级监测网开展全面监测

区级监测：由顺义区植保植检站负责。在粮菜主产镇建立区级监测点24个，设置虫情测报灯监测点13个，采用自动虫情测报灯和性诱捕器监测成虫，定期普查幼虫；设置粮菜监测点11个，采用性诱捕器监测成虫，定期普查幼虫。

镇级监测：由镇级相关部门负责。按照上级文件精神，监测做到区不漏乡、乡不漏村、村不漏田。在全区300个玉米种植村，每村安放至少1套性诱捕器，由专人负责管理监测并及时上报数据至乡镇。

区、镇两级监测网自2021年5月1日起全部启动，开展虫情监测。

（三）召开相关会议，落实监测防控工作

2021年4月20日，召开24个区级监测点参加的"顺义区2021年草地贪夜蛾防控部署暨培训会"，部署区级监测工作，发放性诱捕器及性诱芯72套。

4月25日，召开区农业农村局领导、各镇农业科科长等人参加的"顺义区2021年草地贪夜蛾防控工作部署暨培训会"，开展识别与监测技术培训，部署防控工作，发放识别防控宣传彩页7 000份、防控技术手册20本、性诱捕器358套，防控药剂4 500千克，要求各乡镇一旦发现虫情，立即防治，治早治了。

9月3日，顺义区农业技术综合服务中心根据顺义区监测情况及台风风场和周边虫情影响，再次下发《关于进一步加强草地贪夜蛾防控工作的通知》，要求各镇高度重视，落实属地防控责任，提早应对；全面开展监测工作，由专人负责，确保信息畅通；抓住幼虫最佳防治适期1—3龄，

见虫即治。同时，区级 24 个监测点继续做好草地贪夜蛾监测，准确发布虫情预警信息，及时指导防治。

三、加强宣传培训，提高监测识别准确率

2021 年，召开草地贪夜蛾监测防控技术培训会 2 次，累计培训 56 人次，发放宣传彩页 7 000 份，防控手册 20 本；组建病虫监测群，保持信息畅通，做到虫情信息及时上传下达，沟通解决监测中的问题，提高草地贪夜蛾识别准确率，普及监测防控知识。

4 月 20 日，召开"顺义区 2021 年草地贪夜蛾防控部署暨培训会"，培训 24 个区级监测点及相关技术人员 31 人。

4 月 25 日，召开"顺义区 2021 年草地贪夜蛾防控工作部署暨培训会"，培训各镇农业科科长及技术负责人等 25 人；发放宣传彩页 7 000 份，确保玉米种植户每户 1 份，防控手册 20 本，普及防控知识。

四、加强督导，建立信息上报制度

顺义区植保植检站成立 3 个工作组，每日巡查各监测点成虫诱集情况，指导监测人员对草地贪夜蛾成虫、卵和幼虫识别，对重点区域加装性诱捕器 20 套。2021 年 7 月 28 日，顺义区农业农村局主任与顺义区植保植检站人员一起到北小营镇大胡营性诱监测点进行督导检查，对全区落实草地贪夜蛾防控工作表示肯定。

建立信息逐级报送制度，杜绝漏报、迟报、错报，确保虫情信息及时准确传递。启动草地贪夜蛾虫情监测快报制度，发现新情况，当日上报顺义区农业主管部门和北京市植物保护站，并根据植保专家建议，及时采取措施果断处置。2021 年，报送顺义区草地贪夜蛾虫情快报 4 期。

五、工作成效及存在问题

通过上下同心，全面布控，广泛宣传，2021 年 9 月 2 日，在张镇贾家洼子村、大孙各庄镇美田有馨基地性诱监测点诱捕到草地贪夜蛾成虫 3 头，

为顺义区 2021 年首次发现。2021 年,共有 6 个监测点诱捕到成虫,累计诱集成虫 14 头,田间未发现卵、幼虫及为害状,草地贪夜蛾的迁入未对玉米生产造成危害,达到了上级文件"早谋划、早预警、早准备、早防治"的要求,确保顺义区秋粮作物丰产丰收,间接维护了国家粮食安全。

存在的问题:部分基层测报员不能完全准确识别草地贪夜蛾,尚需加强技术指导与培训;部分监测人员长时间未监测到虫情,容易思想松懈,需加强督导。

六、下一步工作计划

2021 年,草地贪夜蛾未对顺义区秋粮生产造成危害,我们将继续努力按照上级要求,做好虫情监测预警与防控物资储备,加强技术培训与宣传,力争把 2022 年草地贪夜蛾监测防控工作做好、做实,为农业生产保驾护航。

顺义区植保植检站

2021 年 11 月 10 日

2021 年平谷区草地贪夜蛾监测防控工作总结

2021 年平谷区植物保护站在上级领导的支持和指导下，在新冠肺炎疫情防控常态化的紧张形势下，利用多项举措圆满完成草地贪夜蛾的监测防控任务，未对玉米等作物造成危害，现总结如下。

一、2021 年草地贪夜蛾发生情况

2021 年 8 月 24 日傍晚，在峪口镇峪口村晚播夏玉米田性诱监测点发现疑似草地贪夜蛾成虫。8 月 25 日，经平谷区植物保护站现场查看，以及农业农村部、北京市植物保护站专家确认为草地贪夜蛾雄成虫，虫量 1 头，为 2021 年北京市首次见虫，对周边玉米田进行拉网式排查，未发现卵、幼虫及为害状。成虫始见期比 2020 年提早 17 天，比 2019 年提早 35 天。

截至 10 月 31 日，平谷区共发现草地贪夜蛾成虫 18 头，田间未发现草地贪夜蛾卵、幼虫及为害状。

二、工作部署

（一）高度重视，落实属地责任

根据区农业农村局部署，年初成立草地贪夜蛾监测与防控技术领导小组，结合平谷区粮经作物种植情况，以及草地贪夜蛾工作进展，落实"政府主导、属地责任、联防联控"工作机制，先后制定并印发《平谷区 2021 年草地贪夜蛾防控预案》《关于加强草地贪夜蛾防控工作的通知》和《关于加强草地贪夜蛾监测防控工作的紧急通知》等红头文件，部署相关工作，要求种植小麦和玉米的乡镇落实属地管理责任，确认工作责任人，

做好监测普查及监测设备的维护工作。同时，组织建立了以各乡镇农办、各村农技员、区级领导和技术人员在内的平谷区草地贪夜蛾监测防控工作微信群，畅通了沟通渠道。

（二）开展草地贪夜蛾监测布控任务

在全区 17 个乡镇、街道共布设 239 台太阳能杀虫灯，在马坊、东高村、夏各庄、金海湖等 6 个接壤外省乡镇共布设 10 台高空测报灯，结合"长城防线"，布放性诱捕器 1800 套，设立草地贪夜蛾性诱监测点 210 个，建立性诱监测示范区 2 个，力争做到重点作物、重点田块、重点地带全覆盖，多种监测手段共同发挥效力。同时，要求各乡镇全科农技员发挥基层作用，主动及时的开展玉米田间调查，截至 10 月 31 日，出动调查人员 660 人次，调查面积 6 600 亩次。

（三）强化属地责任，提高风险意识

2021 年，处于新冠肺炎疫情防控常态化，不能组织召开大规模的聚集性培训会，但是草地贪夜蛾监测防控工作又不能放松，为此平谷区植物保护站通过小型培训会、区政府小格子、电话联系、微信沟通等多种方式，重点向各乡镇农办负责人宣传草地贪夜蛾监测防控工作的必须性，强调属地管理的重要性，要求各乡镇农办积极组织力量，加强监测，做好田间踏查，遇到疑似情况及时上报。

（四）密切关注周边动态，迅速反应

密切关注周边省市发生动态，在河北省和天津蓟州区发现虫情后，第一时间在"平谷区草地贪夜蛾监测防控工作群"发布通知，要求各乡镇农办农技员、系统监测点成员加强对性诱监测点的调查；加强对区级系统监测点的督导检查及指导培训，针对各监测点玉米长势，调整系统监测点布控，及时将性诱系统监测点更换到晚熟玉米品种，增加诱捕几率。

（五）加强督导检查，保证设备正常运行

项目组采取多种手段，对监测设备布放、使用、运行等情况进行检查，以实际掌握防控缓冲带各监测防控设备的运行情况。通过检查发现主要问题：部分村太阳能杀虫灯集虫桶和高空测报灯集虫网袋未能及时清理，部分村性诱捕器布放位置不规范，个别设备损坏无法正常工作等。项目组立即采取针对性措施，一方面对发现的问题利用微信群及时通报，另一方面对损坏的设备及时维修。

（六）发现虫情，应急到位

发现虫情后，立即开展紧急应对措施，第一时间上报区相关领导，并及时做出响应，在区草地贪夜蛾工作群内发布紧急通知，要求各乡镇、各系统监测点立即开展拉网式排查，启动虫情日报制度，无障碍沟通监测信息。同时，下发《关于加强草地贪夜蛾监测防控工作的紧急通知》红头文件，再次要求压实属地责任，加强虫情监测，严格虫情报告制度，及时防控，减少危害。

平谷区植物保护站技术人员两两分组，对平谷区晚播玉米田进行田间普查。截至 10 月 31 日，共发现草地贪夜蛾成虫 18 头，田间未发现草地贪夜蛾卵、幼虫及为害状。

（七）开展技术培训与宣传

在新冠肺炎疫情常态化的非常时期，利用各种手段和多种形式开展宣传和培训工作。利用线上微信群、公众号，线下对乡镇专题培训，一对一现场指导等多种方式开展技术培训，累计培训 117 人次，下发宣传材料 1 000 份。

平谷区植物保护站

2021 年 11 月 22 日

2021年通州区草地贪夜蛾监测防控工作总结

根据北京市农业农村局《北京市"虫口夺粮"保丰收实施方案》、北京市植物保护站2021年草地贪夜蛾防控部署要求，通州区植物保护中心深入贯彻落实草地贪夜蛾防控工作精神，及时做好防控预案，积极指导本辖区虫情监测与防控，顺利完成草地贪夜蛾监测防控工作，现将本年度工作总结如下。

一、任务目标

实现"两个确保"，即确保不大面积成灾，确保虫口密度达标区域应防尽防。防控处置率90%以上，危害损失控制在5%以内。

二、主要措施与做法

（一）加强组织领导，压实工作责任

针对全球预警的草地贪夜蛾，通州区植物保护中心根据上级防控工作精神，结合2020年通州区的发生和监测情况，及时制定《通州区2021年草地贪夜蛾监测与防控预案》，指导各乡镇农业主管部门全力开展草地贪夜蛾监测与防控工作，要求每个涉农乡镇指定1名技术人员，专门负责本辖区内草地贪夜蛾的监测日报，做到一周两报，见虫后每日上报监测数据；同时，遴选出2家植保专业化防控组织，为草地贪夜蛾防控做好准备工作。

本着以粮食作物为主，兼顾蔬菜作物的原则，设立性诱监测点204个、布控性诱捕器600余套，实现粮食作物全覆盖；设立灯诱监测点13个，涉及9个涉农乡镇，确保成虫监测无死角；及时对2019年安装的100盏太阳能杀虫灯进行检修，确保草地贪夜蛾发生期正常运转。为确保

各项措施取得实效，通州区植物保护中心技术小组深入防控一线，定期对 10 个粮食种植乡镇的草地贪夜蛾监测情况进行督查，现场督查和指导 25 次，确保各项监测防控措施落实到位。

（二）加强宣传培训，提高监测防控水平

为实现对草地贪夜蛾的有效监测与防控，在新冠肺炎疫情常态化防控形势下，积极利用各种线上服务平台进行宣传培训。组织乡镇农业主管部门技术人员、植物诊所负责人等参加线上技术培训 2 次，培训 138 人次，培训内容主要有：草地贪夜蛾的识别、为害特点、监测与防控技术等。通过培训进一步提升技术人员对草地贪夜蛾的监测防控技术，及时了解和掌握本辖区草地贪夜蛾的发生动态。

通州区植物保护中心印发草地贪夜蛾识别与防控宣传材料 5 000 份、发布草地贪夜蛾识别与防控病虫情报 1 期。在宣传的同时，动员农户在生产中加强识别与自查自防。

（三）加强信息报送制度，确保及时掌握和科学处置

本着"早发现，早处置"的原则，自 5 月 15 日，通州区开始执行虫情一周两报制度，发现成虫后调整为日报制。为提高监测预警的时效性和准确性，通州区充分利用市－区－乡（镇）－村四级监测预警体系开展工作，监测人员每天查看监测点诱集草地贪夜蛾成虫情况，并及时上报乡镇农业主管部门；乡镇农业主管部门指定专人，及时汇总并上报监测数据至通州区植物保护中心；通州区植物保护中心设专人进行监测数据的收集汇总整理，并上报北京市植物保护站相关负责人。同时，积极利用微信群、新媒体平台等开展数据报送与信息沟通，提高工作效率。

（四）加强监测预警，科学指导害虫防控

为加强草地贪夜蛾监测布控，密切监测虫情动态，在做好成虫监测的同时，将幼虫调查列入玉米病虫害常规普查监测任务，设立春玉米、夏玉米

幼虫监测点 6 个，作物生长期每 5 天开展一次田间调查；针对重点地块发放 14% 氯虫·高氯氟氰微囊悬浮 – 悬浮剂、50 克 / 升虱螨脲乳油、3% 甲维盐微乳剂、200 克 / 升氯虫苯甲酰胺悬浮剂等共计 193.18 千克，随时做好药剂防控与扑杀准备。

2021 年 9 月 1 日，在潞县镇觅子店村首先发现成虫迁入，发现成虫迁入后，通州区植物保护中心领导立即带领技术人员对发生地块周围的玉米地、白菜地、杂草等进行调查，未发现草地贪夜蛾卵、幼虫及为害状，并紧急布控 10 套性诱捕器，加强虫情监测。

定期对各性诱监测点性诱芯进行更换，共计更换 1 200 枚性诱芯；并对丢失和损坏的性诱捕器进行动态增补，以保证监测工作顺利高效开展。

三、2021 年草地贪夜蛾发生情况

2021 年，通州区在潞县、张家湾 2 个乡镇的 3 个性诱监测点发现成虫 13 头，其中，潞县镇觅子店监测点 10 头、潞县镇曹庄监测点 2 头、张家湾镇小北关监测点 1 头。2021 年，通州区成虫始见期为 9 月 1 日，比 2020 年晚 5 天，比 2019 年早 19 天；9 月 14 日，单日诱蛾数量最高，为 5 头，比 2020 年蛾峰日虫量多 2 头，比 2019 年蛾峰日虫量少 24 头。

四、2022 年防控工作重点

（一）加强草地贪夜蛾监测预警

充分利用四级监测预警体系以及监测防控设备，积极开展草地贪夜蛾监测预警，从 5 月开始进行灯诱和性诱监测，密切监测草地贪夜蛾的发生动态。

（二）加强技术培训与宣传

持续加强草地贪夜蛾识别与防控技术的培训，必要时进行现场观摩与指导，宣传培训草地贪夜蛾识别监测和防控技术，提高基层技术人员监测

识别准确率。

（三）做好应急防控准备

一方面做好防控物资储备，充分利用区级财政预算，储备部分防控药剂，做好应急防控准备；另一方面利用植保专业化专防组织，根据其防控能力，动员其积极参与应急防控。

通州区植物保护中心

2021 年 11 月 3 日

2021年密云区草地贪夜蛾监测防控工作总结

　　根据中央一号文件和北京市农业农村局关于《北京市"虫口夺粮"保丰收实施方案》的文件精神，为保护农业生产不受草地贪夜蛾等重大迁飞性害虫侵袭，确保密云区农业生产安全和生态安全，持续加强对迁飞性害虫的监测预警，按照北京市植物保护站制定的《北京市2021年草地贪夜蛾防控预案》要求，在做好新冠肺炎疫情防控的同时，继续抓好草地贪夜蛾监测防控工作，确保密云区粮经作物不危害成灾，确保虫口密度达标区域应防尽防，防控处置率90%以上，危害损失控制在5%以内。

　　按照农业农村部提出的"全面监测、全力扑杀、分区施策、联防联控"的要求，加强监测预报，密云区认真维护好"三道防线"，抓住关键防控时期、关键技术，大力推进统防统治，最大限度降低危害损失。

一、完成监测设备维护运转

　　密云区植保植检站积极协调厂家对各乡镇的监测设备进行维修和保养。协调更换高空测报灯开关1个、高空测报灯捕虫网15个、太阳能杀虫灯灯泡100个。保障密云区17个乡镇的15台高空测报灯和210台太阳能杀虫灯都能正常运转，保证监测数据的实效性和准确性。

二、做好虫情监测与普查

　　根据北京市植物保护站要求，密云区植保植检站认真做好虫情监测与普查工作，从2021年4月1日至10月31日，共出动1 915人次，普查17个乡镇，普查面积10 000亩。布设草地贪夜蛾性诱捕器1 400套，用于监测及诱杀草地贪夜蛾雄成虫。除此之外，要求各乡镇农业服务中心负责草地贪夜蛾的工作人员及各村全科农技员每天查看玉米地是否发现草地贪夜蛾成虫，实行每日上报，坚持虫情零报告制度。

三、开展技术培训，做好应急防控准备

针对玉米生长后期防控难度大等特殊情况，加强草地贪夜蛾虫情监测，强化监测预警。将草地贪夜蛾作为重点监控对象，充分利用性诱及灯诱手段加密监测，尤其对玉米种植集中区域进行重点监测，各监测点指定专人负责，对重点作物、重点区域开展普查，按时报送监测数据。并组织对各乡镇的全科农技员和部分种植户进行草地贪夜蛾监测防控技术培训，共开展专题培训 2 次，同时，结合电话、微信等不同方式进行一对一指导与培训，共培训 262 人次，发放宣传材料 500 余份，确保各乡镇全科农技员都能大致识别草地贪夜蛾，对疑似成虫及时上报。遴选植保专业化防控组织，委托密云河南寨农机服务专业合作社调配防治机械并进行检修保养，保障及时发现及时防治。

四、加强虫情信息报送

密云区植保植检站指定专人将防控工作信息报送给北京市植物保护站，对虫情实行日报告制度。每日上报高空测报灯及性诱捕器监测数据。任何单位和个人一旦发现疑似草地贪夜蛾或出现草地螟等重大迁飞性害虫的大量迁入时，随时向本辖区农业农村主管部门或密云区植保植检站报告，由密云区植保植检站及时上报至北京市植物保护站核实鉴定，确定虫情后，逐级上报，及时做好防控工作，并做好记录备查。

五、2021 年草地贪夜蛾发生情况

2021 年，密云区共诱捕到草地贪夜蛾成虫 3 头，其中，9 月 2 日诱到 1 头，9 月 7 日诱到 2 头。9 月 14 日，在河南寨镇平头村地势低洼浸泡导致玉米死亡后补种地块发现疑似草地贪夜蛾幼虫，经北京市植物保护站专家鉴定确认为草地贪夜蛾幼虫。共发现幼虫 5 头，被害株 8 株，虫龄 3—4 龄，幼虫发生面积 0.5 亩。按照早发现、早防治的原则，当天组织植保

专防队对幼虫发生地块及周边进行防治，防治药剂为3%甲氨基阿维菌素苯甲酸盐微乳剂，每亩20克进行防治，防治面积300亩，同时，密云区植保部门和河南寨镇共组织12人对幼虫发生地块周边玉米田进行拉网式普查，未在其他田块发现草地贪夜蛾卵、幼虫及为害状。

六、2022年工作计划

（1）继续做好草地贪夜蛾监测、预警工作。

（2）加大对基层技术人员及种植户的技术培训。

（3）加强信息报送制度落实，及时掌握害虫发生发展动态。

（4）做好防控药剂储备及植保专防队伍的技术培训等工作。

密云区植保植检站

2021年11月4日

2021 年延庆区草地贪夜蛾监测防控工作总结

根据《北京市 2021 年草地贪夜蛾防控预案》要求，延庆区植物保护站制定了《延庆区 2021 年草地贪夜蛾防控工作方案》，并开展相关工作，现总结如下。

一、设立工作目标

针对草地贪夜蛾等重大迁飞性害虫严峻发生态势，延庆区植物保护站及时组织人力、财力、物力，加强虫情监测，充分发挥"三道防线"监测阻截作用，做到"三力争、两确保"。"三力争"即：力争阻截于区域外、力争农业生产不成灾，力争严防进入城中区。"两确保"即：确保延庆区秋粮作物不受大面积危害、确保不造成重大社会影响。

二、监测防控工作开展情况

（一）组织学习宣传培训

受新冠肺炎疫情影响，延庆区植物保护站主要利用微信群组织基层监测点技术人员开展培训学习，部署监测防控工作等。

5 月 27 日，参加北京市植物保护站组织的 2021 年全市草地贪夜蛾监测防控工作部署暨技术培训会。

利用微信群组织各乡镇农业服务中心、全科农技员及监测技术人员 80 余人培训，介绍 2021 年草地贪夜蛾的发生及防控情况，并对草地贪夜蛾的生物学习性、形态特征、为害状、监测防控技术做了详细的讲解。发放技术挂图及宣传手册 350 余份，田间技术指导 12 次。

（二）加强虫情监测与普查

1. 加强成虫监测

延庆区玉米及杂粮种植面积 15 万亩左右，共开启 1 台高空测报灯、400 台太阳能杀虫灯、2 台自动虫情测报灯，形成 1 条高空测报灯加杀虫灯的监测阻截带。在 2020 年工作的基础上，延庆区植物保护站负责对接各乡镇，与乡镇签订监测防控设备管理使用协议，各乡镇做好管理和使用工作，负责安排具体监测人员。

在玉米连片种植乡镇布设 16 个性诱监测点，安装 92 套性诱捕器，所有监测人员定期上报数据，保证数据的真实性、准确性、及时性。延庆区植物保护站指定专人每日汇总整理虫情信息，将监测防控工作情况报送至北京市植物保护站测报科。

2021 年延庆区共诱到草地贪夜蛾成虫 13 头。9 月 12 日、9 月 17 日，分别在旧县镇昆虫雷达监测点通过性诱捕器各发现 1 头草地贪夜蛾雄成虫，田间普查未发现卵、幼虫及为害状，紧急增加布控 12 套性诱捕器，加强成虫监测。

9 月 29 日，在旧县镇昆虫雷达监测点通过高空测报灯发现 1 头草地贪夜蛾雄成虫。

9 月 30 日，在旧县镇昆虫雷达监测点通过高空测报灯发现 10 头草地贪夜蛾成虫，其中雌成虫 2 头，雄成虫 8 头。

2. 做好田间卵、幼虫、蛹监测普查工作

在玉米等作物生长期，选择 10 个有代表性的地块，每周开展一次田间卵、幼虫、蛹普查，及时掌握害虫发生情况。由于延庆种植的都是春播玉米，7 月中下旬春玉米已经进入孕穗期，根据草地贪夜蛾喜食幼嫩玉米的习性，田间未发现草地贪夜蛾为害。

（三）做好防治药剂储备及应急防控准备

延庆区植物保护站提前做好农药、药械等防控物资和人员准备，一旦发生虫情，2 个植保专防组织、各乡镇（村）在延庆区农业技术综合服务中心及延庆区植物保护站专业技术人员的指导下即刻进行防控。

三、2022 年监测防控工作计划

加强虫情监测、宣传培训力度。由于草地贪夜蛾属于新发害虫，加强对监测技术人员识别、监测和防控技术培训极其重要。通过微信、简报、电视和发放明白纸等形式，宣传普及草地贪夜蛾的识别特征、监测方法和防控知识，进一步提高监测、防控技术和可防可控意识，充分发挥基层群众力量，做到群防群治。

延庆区植物保护站

2021 年 12 月 6 日

2021 年大兴区草地贪夜蛾监测防控工作总结

按照北京市植物保护站关于草地贪夜蛾监测防控工作要求，大兴区种业与植保服务站完成了大兴区草地贪夜蛾监测、防控工作，总结如下。

一、草地贪夜蛾发生情况

2021 年 10 月 14 日，大兴区魏善庄镇北田各庄村性诱监测点，6 个性诱捕器发现草地贪夜蛾成虫 11 头，大兴区 2021 年共监测到草地贪夜蛾成虫 11 头，田间未发现卵、幼虫和为害状。

二、监测防控工作主要做法及落实情况

（一）制定监测防控方案

按照北京市植物保护站关于草地贪夜蛾监测防控工作要求，及时制定《大兴区 2021 年草地贪夜蛾监测防控工作方案》，指导大兴区草地贪夜蛾监测防控工作。

（二）监测点设立及培训情况

大兴区设立草地贪夜蛾村级监测点 222 个，布控性诱捕器 942 套，开启自动虫情测报灯 6 盏，太阳能杀虫灯 50 盏，从 5 月初开始全面开展成虫监测。全年共开展技术培训 12 次，培训 286 人次，发放技术宣传资料 1 000 份，田间调查出动各级技术人员 7 098 人次，普查面积 4 620 亩次。

（三）测报工具检测维护工作

4 月，大兴区种业与植保服务站对大兴区 2019 年设置的 6 盏自动虫

情测报灯和 50 盏太阳能杀虫灯进行检测，发现故障的及时联系供货厂家进行维修维护，确保草地贪夜蛾监测防控工作顺利进行。

（四）虫情上报工作

1. 北京市发现虫情前

虫情实行一周两报制度，每周一、周四各镇将监测情况报到大兴区种业与植保服务站，由专人整理汇总后上报至北京市植物保护站。

2. 北京市发现虫情后

按照北京市植物保护站要求，大兴区种业与植保服务站通过大兴区草地贪夜蛾监测防控信息报送微信群每天收集虫情信息，节假日不休息，虫情实行零报告制度，及时将草地贪夜蛾虫情发生动态及防控信息报送至北京市植物保护站建立的草地贪夜蛾信息报送群。监测过程中，镇级监测人员发现疑似虫情后，拍照片发给区级植保技术人员进行识别，确认后上报虫情；不能识别的，区级邀请市级植保专家进行确认，大大提高了识别准确率和工作效率。

（五）领导重视、技术人员层层落实

区、镇两级技术人员层层落实草地贪夜蛾监测防控与技术培训工作，大兴区的监测普查工作得到市、区两级农业主管部门的认可。

三、工作成效及亮点

大兴区草地贪夜蛾监测工作涉及 10 个玉米种植镇，大兴区种业与植保服务站除召开大兴区草地贪夜蛾监测防控工作会外，分别到每个玉米种植镇对镇农业技术推广站技术人员、玉米种植村全科农技员进行监测防控技术培训。使参加草地贪夜蛾监测防控工作的所有人员确实掌握监测防控技术，提高了大兴区草地贪夜蛾监测防控工作水平。

四、存在问题及下一步工作计划

（一）存在问题

基层技术人员对草地贪夜蛾识别鉴定能力有待进一步提高。

（二）下一步工作计划

加密加力开展草地贪夜蛾监测，加强监测防控技术培训，并按照北京市植物保护站关于草地贪夜蛾监测防控工作要求，开展 2022 年大兴区草地贪夜蛾监测防控工作。

大兴区种业与植保服务站

2021 年 11 月 8 日

2021 年房山区草地贪夜蛾监测防控工作总结

一、监测工作部署情况

根据北京市 2021 年草地贪夜蛾防控部署要求，房山区植物疫病预防控制中心深入贯彻落实草地贪夜蛾防控工作精神，加强虫情监测与信息报送，提前做好应急防控准备，顺利完成草地贪夜蛾监测防控工作，现将本年度工作总结如下。

2021 年 3 月开始及时检修自动虫情测报灯、太阳能杀虫灯、性诱捕器等监测防控设备，购置草地贪夜蛾性诱芯 2 400 枚，做好监测防控准备。

在大石窝、周口店、窦店、琉璃河、韩村河种植玉米和小麦密集的 5 个乡镇，设立 6 个草地贪夜蛾灯诱系统监测点，5 月 1 日，开启 6 盏自动虫情测报灯、42 台太阳能杀虫灯，监测阻截草地贪夜蛾成虫；在全区 8 个乡镇设立 15 个性诱系统监测点，生产田每亩布设 1 套性诱捕器，共布设 400 套性诱捕器，性诱芯 1 个月更换一次，覆盖面积 400 亩次，确保全面监测。

二、做好虫情信息报送

按照北京市植物保护站印发的《北京市 2021 年草地贪夜蛾防控预案》文件精神，2021 年 5 月 1 日，要求全区 6 个灯诱系统监测点开启自动虫情测报灯，同时，布控 15 个性诱系统监测点，全面开展成虫监测。自 5 月 18 日开始启动虫情监测信息一周两报制，根据全市虫情发展态势按北京市植物保护站要求，自 8 月 28 日起房山区各监测点启动虫情日报制，实行虫情零报告制。8 月 30 日，房山区周口店镇娄子水村性诱监测点诱到草地贪夜蛾成虫 1 头。10 月 31 日，结束虫情监测工作，房山区累计诱到成虫 1 头，田间普查未发现草地贪夜蛾卵、幼虫及为害状。

三、防治药剂药械储备

购置应急防控药剂 45% 甲维·虱螨脲 35 千克，每生长季施药 2 次，可用于 5 000 亩的应急防控工作。保证玉米免遭迁飞性害虫草地贪夜蛾的为害，减少房山区玉米生产不必要的损失。

针对玉米生长后期防控难度大等特殊情况，房山区遴选 2 支植保专业防控队伍，并协调区农业机械技术推广站准备植保无人机 2 架，随时做好应急防控准备。

2021 年 6 月，北京市植物保护站给予监测防控物资支持，发放草地贪夜蛾性诱捕器 200 套，含配套性诱芯，可用于 200 亩成虫监测；甲维盐微乳剂 47 千克，氯虫苯甲酰胺 2.18 千克，为房山区草地贪夜蛾监测防控工作提供了物质保障。

四、加强技术培训与宣传

2021 年，房山区植物疫病预防控制中心采取线上、线下相结合的方式为各监测点技术人员开展草地贪夜蛾识别及防治技术培训 4 期，培训 230 余人次；田间指导 50 余人次，发放技术宣传资料 200 余份，让基层监测技术人员和种植户及时了解害虫的发生为害习性、监测技术及防治基本知识，增强可防可控信心。

五、田间普查及监测点督导情况

自 2021 年 5 月开始，房山区植物疫病预防控制中心技术人员深入基层开展田间普查工作，每周对监测点督导检查两次，截至 10 月 31 日，共出动 140 余人次，普查面积 6 500 亩，田间未发现草地贪夜蛾卵、幼虫及为害状。

六、区财政资金支持

2021 年，房山区财政配套专项资金支持共计 15.5 万元，其中，每个灯诱系统监测点运行费 0.5 万元，6 个系统监测点共计 3 万元，购置应急防控药剂 45% 甲维·虱螨脲 4.9 万元，草地贪夜蛾性诱监测设备 7.6 万元，保障了房山区草地贪夜蛾监测防控工作顺利开展。

七、2022 年防控工作计划

2022 年，房山区将继续认真开展草地贪夜蛾、草地螟、黏虫等重大迁飞性害虫监测防控工作。

（1）2022 年 5—10 月，采购并悬挂草地贪夜蛾性诱捕器进行成虫监测，申报购买桶形诱捕器 200 套，草地贪夜蛾性诱芯 6 000 枚，做好成虫监测准备工作。

（2）2022 年，6 个迁飞性害虫灯诱监测点，使用自动虫情测报灯进行成虫监测，每点雇用专人运行维护，按要求开展虫情监测及信息报送等工作。

（3）开展监测防控设备维修维护，提前购置防控药剂，遴选植保专防组织，做好应急防控准备。

房山区植物疫病预防控制中心

2021 年 11 月 2 日

2021年怀柔区草地贪夜蛾监测防控工作总结

根据北京市农业农村局《北京市"虫口夺粮"保丰收实施方案》、北京市植物保护站2021年草地贪夜蛾防控相关部署要求，怀柔区植物保护站认真贯彻落实草地贪夜蛾防控工作精神，及时做好虫情监测及应急防控准备，顺利完成2021年草地贪夜蛾监测防控任务，现将本年度工作总结如下：

一、加强组织领导

怀柔区农业农村局成立怀柔区重大植物疫情应急防控指挥部，办公室设在怀柔区植物保护站，成立防控工作领导小组，怀柔区农业农村局主管副局长任组长，负责组织协调；法规与应急管理科科长、区植物保护站站长任副组长，负责组织实施；小组成员为区植物保护站技术人员及北京福源广农机服务专业合作社负责人，负责监测与防控工作的具体实施。

二、监测防控工作

（一）虫情监测工作

1. 成虫监测

设置重点监测点17个，开启高空测报灯10台、布放性诱捕器200套开展成虫系统监测，涵盖平原桥梓镇、杨宋镇、北房镇以及山区九渡河镇、宝山镇、汤河口镇，覆盖玉米种植面积2 000亩。2021年诱捕成虫数为0，未发现草地贪夜蛾成虫迁入。

2. 幼虫普查

区植物保护站测报技术人员每周开展一次田间幼虫发生情况调查，选取玉米、高粱、谷子等有代表性的大田作物开展调查，累计调查 9 200 余亩次，田间未发现草地贪夜蛾幼虫为害，区植物保护站按要求将调查情况报送至市植物保护站。

（二）应急防控准备

（1）储备监测防控草地贪夜蛾成虫的性诱捕器 3 000 套，防控覆盖面积 3 000 亩。一经发现成虫迁入，通过集中布放及时诱杀草地贪夜蛾成虫，诱杀阻截成虫，减少幼虫发生为害几率。

（2）储备防控草地贪夜蛾化学药剂 350 千克、植物源杀虫剂 1 000 千克，应急可防控面积达到 1.1 万亩。同时，与供应商沟通协商如需加大防控面积，紧急调运补充防控物资可在 48 小时内到位。

（3）与辖区内植保专防服务组织确定，如发生幼虫为害，可立即响应开展应急防治，应急防控药械包括 2 台旋翼无人施药机、1 台风送式果林喷雾机、20 台背负式静电喷雾器等，日作业能力达到 2 000 亩以上。

三、下一步工作计划

（1）加强巡查，对辖区高空测报灯、太阳能杀虫灯等设备做好维修维护和保管工作。

（2）加强技术培训与宣传，提高各级监测技术人员害虫识别诊断准确率和监测防控水平。

（3）加强应急防控物资、队伍、人员等储备，发现虫情可立即开展应急防控。

怀柔区植物保护站

2021 年 12 月 16 日

2021年海淀区草地贪夜蛾监测防控工作总结

2021年，海淀区玉米种植面积4500亩，海淀区现5个涉农乡镇，设有草地贪夜蛾监测点65个，其中，西北旺镇7个，温泉镇6个，上庄镇24个，四季青镇14个，苏家坨镇14个。各监测点实施专人负责、定时上报虫情信息。现将2021年度草地贪夜蛾监测防控工作总结如下。

一、各部门高度重视

虽然海淀区农业种植规模较小，但是在草地贪夜蛾的监测与防控工作中，各个部门认真落实，形成了主管副区长、海淀区农业农村局、海淀区农业技术综合服务中心、各乡镇农业服务中心、草地贪夜蛾监测点五级联动监测防控体系。海淀区农业技术综合服务中心在草地贪夜蛾监测防控工作中起着承上启下的关键作用。

二、草地贪夜蛾监测防控工作

（一）全力做好草地贪夜蛾监测预防准备

1. 加强宣传培训

为切实做好草地贪夜蛾监测防控工作，海淀区农业技术综合服务中心先后组织5个乡镇农业服务中心相关责任人、监测点责任人开展现场培训3次，培训54人次，发放草地贪夜蛾识别防控宣传材料300余份。

2. 检修、巡查太阳能杀虫灯

新安装38台太阳能杀虫灯，组织对全区118台太阳能杀虫灯进行巡查检修，针对太阳能板丢失、灯管不亮等现象，海淀区农业技术综合服务中心会同厂家进行逐一维修更换，确保每台杀虫灯在监测期间正常工作。

3. 布控性诱监测点

海淀区布设 65 个草地贪夜蛾性诱监测点，累计布控性诱捕器 960 套，购置配套性诱芯 960 枚，组织专人定期更换性诱芯，确保玉米种植村每村至少 1 套性诱捕器，全面开展草地贪夜蛾成虫监测。

4. 开展虫情自动监测

利用新购置的远程自动虫情测报灯开展成虫自动监测，每天通过手机端获知诱集的虫子种类、数量，并通过照片进一步判断确认害虫种类。

（二）草地贪夜蛾监测防控工作

1. 合理分工，细化监测防控工作

为进一步细化草地贪夜蛾的监测工作，海淀区农业综合服务中心主要做了以下几方面工作：一是分片管理，定期巡查。把玉米种植区域进行分区、分片管理，植保技术人员分组，定期巡访、检查 65 个监测点的工作落实情况。二是加密布控性诱监测点。在玉米田间增加布控 150 套性诱捕器，累计布控性诱捕器 960 套。三是加强指导，提高识别准确率。及时把识别照片发到相关监测点责任人手机中，便于准确识别，及时上报虫情。在巡查中，植保技术人员带着草地贪夜蛾实体标本，给基层监测人员现场讲解辨识方法。四是加强沟通，及时掌握虫情信息。与北京市植物保护站相关科室保持密切联系，每周定期上报虫情，及时沟通互换虫情信息，保持上下联动，动态掌握草地贪夜蛾在海淀区的发生情况。五是提前做好应急防控准备。备好防控药械、药剂，一旦监测到虫情，迅速组织植保专业化统防统治队进行防控。六是积极探索生物防控效果。在草地贪夜蛾监测过程中，积极探索用松毛虫赤眼蜂进行生物防治，2021 年 7 月 9 日、8 月 5 日，分别投放北京市植物保护站赠送的松毛虫赤眼蜂卵卡 4 456 卡，在探索防效的同时减少化学农药用量。

2. 发现虫情，立即开展应急防控

2021 年 8 月 26 日上午，海淀区农业综合服务中心在上庄镇西辛力屯村中国农业大学上庄实验基地玉米田性诱捕器中发现草地贪夜蛾成虫 1

头，玉米生育期为小喇叭口期至大喇叭口期，海淀区农业综合服务中心立即组织植保专业化统防统治组织施用苏云金杆菌对中国农业大学上庄实验基地的玉米田进行防治，防治面积 80 亩，释放松毛虫赤眼蜂、周氏啮小蜂各 1 190 卡（茧）进行生物防治，防治面积 420 亩。截至 10 月 31 日，海淀区共发现草地贪夜蛾成虫 11 头，幼虫 1 头。

3. 加强监测防控技术培训

9 月 10 日，为切实提高 65 个监测点监测技术人员对草地贪夜蛾识别诊断和监测预警能力，海淀区农业综合服务中心在中国农业大学上庄实验基地开展草地贪夜蛾现场培训会。在现场培训中，市、区两级植保专家向基层监测人员详细讲解性诱捕器和杀虫灯的诱杀原理及设置规则，特别是使用性诱捕器时，要求牢记"一看、二拍、三查看"的使用原则，使大家记忆深刻。

（三）草地贪夜蛾监测防控工作总结

2021 年草地贪夜蛾监测防控工作暂时告一段落，在海淀辖区内发现了成虫及幼虫，并开展了相应防治。海淀区农业综合服务中心将认真总结草地贪夜蛾监测防控工作经验，查找存在的问题与不足，进一步加强农作物有害生物预测学的相关知识储备，加强农业气象学的知识储备，交流座谈关于草地贪夜蛾监测防控方面优秀的模式。

三、2022 年工作计划

（1）继续做好草地贪夜蛾监测防控工作。

（2）加强对基层技术人员的培训，提高各级监测人员对害虫的识别诊断和监测预警水平。

（3）完善信息报送制度，做好防控物资储备工作。

海淀区农业综合服务中心

2021 年 11 月 8 日

2021 年朝阳区草地贪夜蛾监测防控工作总结

根据北京市植物保护站关于印发《北京市 2021 年草地贪夜蛾防控预案》的通知要求，朝阳区农业农村综合服务中心严格按照"分类指导、分区施策、联防联控，加密监测预警，突出绿色防控，推进统防统治，组织应急防治"的要求，顺利地完成了 2021 年朝阳区草地贪夜蛾监测防控工作，现总结如下。

一、提高防控意识，落实"四早"要求

根据北京市农业农村局关于印发《2021 年北京市"虫口夺粮"保丰收行动方案》的通知要求，2021 年草地贪夜蛾等重大病虫害呈重发态势，直接威胁粮食生产安全，防控任务艰巨。朝阳区农业农村综合服务中心牢固树立抗灾夺丰收思想，按照早谋划、早预警、早准备、早防治要求，在做好新冠肺炎疫情常态化防控的同时，全力做好草地贪夜蛾防控，最大限度减轻危害损失，降低危害影响。

2021 年 3 月，朝阳区农业农村综合服务中心根据防控要求制定印发《2021 年朝阳区草地贪夜蛾防控方案》，4 月完成防控物资的采购，4 月底下发物资启动朝阳区草地贪夜蛾监测防控布置工作。

二、加密监测布点，推进统防统治

2021 年，朝阳区农业农村综合服务中心按照加密布控的要求，在 19 个乡设置草地贪夜蛾监测点 36 个，安装性诱捕器 547 套（含市站调拨 200 套），并向 6 个主要涉农乡下发 20 亿 PIB/毫升甘蓝夜蛾核型多角体病毒悬浮剂和 5% 甲氨基阿维菌素苯甲酸盐水分散粒剂两种防控药剂。在朝阳区形成严密的监测网络，做好充足的防治物资储备。同时，联合区、乡技术人

93

员建立测报联防队伍，利用微信群实时指导朝阳区开展草地贪夜蛾监测防控工作，以实现"两个确保"，即确保虫口密度达标区域应防尽防，确保不大面积成灾，防控处置率90%以上，总体危害损失控制在5%以内的目标。

三、落实监测任务，及时开展防治

在监测过程中，朝阳区农业农村综合服务中心按照加强督导检查的要求，积极开展技术指导服务，普及草地贪夜蛾识别及防控知识，严格落实一旦发现幼虫，立即开展药剂防控，做到"治早治小、全力扑杀"的防控要求，坚决遏制草地贪夜蛾蔓延与为害。

2021年8月30日，测报人员在崔各庄乡何各庄村中农国信基地草地贪夜蛾性诱监测点发现草地贪夜蛾成虫1头，排查周边玉米田，未发现卵、幼虫及为害状。按照《北京市农业农村局关于加强草地贪夜蛾监测防控工作的紧急通知》要求，朝阳区农业农村综合服务中心技术人员向该基地发放防治药剂和喷雾器，并指导基地技术人员开展草地贪夜蛾防控，发现成虫当天完成40亩玉米田的统一防治。

截至2021年10月底，朝阳区累计出动区级、乡级普查技术人员113人次，普查玉米、蔬菜等农田7 050亩次，指导防治280亩次。2021年，累计发现草地贪夜蛾成虫1头，田间未发现草地贪夜蛾卵、幼虫及为害状。

四、监测过程中存在的问题

（1）复耕复垦面积增加，监测难度增大。2021年朝阳区农业开展了复耕复垦工作，其中，部分地块种植了玉米，且播期不整齐，发生风险加大，使监测难度增加。

（2）部分基层监测人员对草地贪夜蛾的辨识能力还有待加强，不能立即识别，需要技术人员指导确认，还需加强对基层技术人员的培训指导。

（3）监测人员数量比较少。朝阳区农业农村综合服务中心植保科编制人员5人，实际在岗只有2人，朝阳区动植物疫控中心2人协助植保科开展植保工作，缺少专业技术人员。同时，各乡也缺少相应的农业技术人员。

五、2022 年工作计划

（一）强化思想认识，提高防控意识

充分认识做好草地贪夜蛾监测防控的重要性和紧迫性，充分发挥核心防控区的作用，坚决做好朝阳区草地贪夜蛾监测防控工作。

（二）强化物资及技术保障

积极争取资金支持，做好辖区防控物资的储备。加强技术培训，发挥农业科技员的作用，确保每个乡有一名技术骨干、每个村有技术明白人。并按照北京市植物保护站要求，朝阳区农业农村综合服务中心组织专业技术人员指导监测调查，科学开展防控。

（三）加强区域联防联控

继续加强重大迁飞性害虫联防联控工作，监测点按照统一标准、统一方法、统一工具，同步开启重大迁飞性害虫联合监测工作，利用微信工作交流群全面共享虫情信息，加强工作协调与沟通，切实提高区域内重大迁飞性害虫监测预警水平。

（四）加强信息共享

加强与北京市植物保护站的联系，并与周边区勤沟通、发挥毗邻优势，信息共享，共同做好区域间迁飞性害虫联防联控工作。

朝阳区农业农村综合服务中心

2021 年 11 月 5 日

2021年丰台区草地贪夜蛾监测防控工作总结

根据全国农作物病虫害监测网监测预报，2021年草地贪夜蛾将继续为害我国玉米主产区且向北方迁飞时间提早。为切实做好草地贪夜蛾监测防控工作，丰台区植保植检站制定了《丰台区2021年草地贪夜蛾防控预案》，并组织开展相关工作。

一、检查维修杀虫灯

丰台区植保植检站对2019年安装的太阳能杀虫灯进行全面的检查，并报北京市植物保护站进行维修维护，保障了35台太阳能杀虫灯正常运转，为防控草地贪夜蛾奠定了基础。

二、设置监测点

结合丰台区农业种植情况设置了6个草地贪夜蛾性诱系统监测点并进行了布控，累计布控18套草地贪夜蛾性诱监测设备，并及时更换性诱芯，保障诱集成虫效果。

三、储备防控物资

2020年，防治药品剩余270千克、静电施药设备30套，为防治草地贪夜蛾提供应急储备保障。

四、开展宣传培训

5—7月，对丰台区农业园区技术人员进行草地贪夜蛾监测及防控知识田间培训，培训24人次，发放草地贪夜蛾识别与防控宣传挂图60份。

五、建立草地贪夜蛾微信工作群

为保障监测普查工作的顺利开展，7 月下旬，建立了丰台区"草地贪夜蛾微信工作群"，并及时在工作群中提供草地贪夜蛾发生防控信息、识别诊断资料等，便于监测工作的开展。

六、加大监测力度

8 月 30 日，丰台区植保植检站在王佐镇庄户中心村丰台区农作物品种试验基地玉米田性诱监测点发现草地贪夜蛾成虫 1 头，立即组织对周边玉米田进行全面排查，田间未发现卵、幼虫及为害状。成虫始见期比 2020 年早 24 天，比 2019 年早 19 天。由于在普查监测中未发现卵、幼虫及为害状，因此没有安排化学药剂防治。

在北京市 2021 年首次发现草地贪夜蛾成虫后，丰台区加大了成虫监测力度，严密监测田间幼虫为害。从 8 月 26 日起对玉米种植区域草地贪夜蛾卵、幼虫及为害状进行持续普查监测，截至 10 月 31 日，累计出动 138 人次开展普查，普查面积 1 530 亩次，除了发现 1 头成虫外，田间未发现卵、幼虫及为害状。

丰台区植保植检站

2021 年 11 月 1 日

2021年门头沟区草地贪夜蛾监测防控工作总结

为深入贯彻落实北京市农业农村局《关于加强草地贪夜蛾监测防控工作的紧急通知》，门头沟区农业农村综合服务中心迅速行动，积极做好草地贪夜蛾防控应对工作，切实把防控草地贪夜蛾作为当前粮食生产的大事要事来抓，牢固树立抗灾夺丰收思想，立足防大灾、控大害，迅速行动，加大宣传发动和技术培训力度，强化技术指导措施，全力开展虫情监测，协调运用生态、生物等防控措施，尽力控制虫情扩散。

一、压实属地责任

抓好粮食生产是2021年门头沟区农业工作的重大责任和任务，受降雨偏多影响，晚播夏玉米、水淹地块、生育期偏晚的玉米及玉米自生苗易造成危害。根据草地贪夜蛾严峻发生态势，要求各镇严格落实"政府主导，属地负责"的防控工作机制，强化组织领导，层层传导压力，充分调动镇、村有关部门等多方力量，全面加强草地贪夜蛾的监测防控。

二、核准设备情况

明确各镇、村草地贪夜蛾监测防控设备及监测点负责人，对现有的自动虫情测报灯、太阳能杀虫灯和草地贪夜蛾性诱捕器的系统监测点进行核准，对于在此次核查中新发现的测报灯、太阳能杀虫灯损毁情况，由各镇出具证明材料报门头沟区农业农村综合服务中心备案。草地贪夜蛾性诱捕器要有专人负责看护、监测及虫情上报。

三、及时报送信息

加强信息报送工作，提高对草地贪夜蛾虫情的应对处置能力，做到"早发现、早报告、早预警"，准确掌握草地贪夜蛾发生动态。按要求、按时监测报送数据,不得迟报、漏报、瞒报。

四、加强宣传培训

草地贪夜蛾属于外来入侵新发重大害虫,针对农户识别难、防治难、认识不足等问题,门头沟区农业农村综合服务中心加大宣传培训力度。通过深入田间实地指导、发放草地贪夜蛾识别与防控挂图等多种方式,宣传普及草地贪夜蛾各虫态识别特征、为害习性和防治技术等方面的知识。让广大农户充分了解草地贪夜蛾的形态特征、发生规律、为害习性和防治方法。同时,根据农业农村部相关文件推荐应急防治药剂名单。截至 2021 年 10 月 31 日,门头沟区共开展培训 9 期次,培训人员 103 人次;发放草地贪夜蛾识别与防控挂图等各类宣传、技术材料 350 余份。

五、强化监测预警

以玉米种植区为监测重点,采取定点技术监测、重点区域动态排查与群众自主巡查相结合的方式,安排各镇农技人员定期调查草地贪夜蛾性诱捕器监测诱捕情况,加大监测调查力度和频次,密切监测草地贪夜蛾发生情况,准确掌握田间害虫发生发展动态,一旦发现虫情,立即逐级上报。积极开展草地贪夜蛾田间调查,同时,结合田间监测防治技术指导,严防草地贪夜蛾危害成灾。2021 年,门头沟区共设立草地贪夜蛾系统监测点 11 个,安装自动虫情测报灯 5 台,布控性诱捕器 200 套,用于草地贪夜蛾监测防控工作。

六、成效及下一步计划

经门头沟区植保部门及镇、村等多方监测,未发现草地贪夜蛾成虫、幼虫及为害状。下一步,我们将总结经验,及早安排部署 2022 年草地贪夜蛾监测防控工作,加强重大病虫害监测预警及防控能力建设,完善灾害应急保障政策,构建防控长效机制,实现草地贪夜蛾可持续治理。

门头沟区农业农村综合服务中心

2021 年 11 月 2 日